大数据与人工智能技术丛书

KVM+Docker+OpenStack实战

虚拟化与云计算配置、管理与运维 微课视频版

◎ 王金恒 刘卓华 王煜林 钱宏武 主编

清华大学出版社
北京

内 容 简 介

　　本书全面介绍了虚拟化、容器和云计算技术，共 11 章，分三个部分。第一部分介绍 KVM 虚拟化技术，主要内容包括虚拟化概述、虚拟机的两个工具 virsh 与 virt-manager、虚拟机的克隆、KVM 存储池管理、KVM 网络模式的配置、KVM 迁移、KVM 桌面虚拟化技术、KVM 镜像的制作等。第二部分介绍容器，主要内容包括容器介绍、如何使用 Docker 管理镜像以及容器。第三部分介绍云计算平台 OpenStack，主要内容包括云计算概述、OpenStack 组件、OpenStack 安装以及 OpenStack 的网络配置、镜像管理、云主机创建、安全组配置、浮动 IP 地址绑定、密钥对管理等。

　　本书内容实用，都是当前热点技术，每章都含有大量的实验，使理论紧密联系实际，每节都配备了微视频，读者可以扫码进行观看。本书主要面向的是高等院校计算机类专业的学生，可作为虚拟化、云计算的教材，也可作为研究生的专业拓展教材和云计算技术爱好者的参考书。

图书在版编目（CIP）数据

　　KVM＋Docker＋OpenStack 实战：虚拟化与云计算配置、管理与运维：微课视频版/王金恒等主编.—北京：清华大学出版社，2021.1 （2021.7重印）
　　（大数据与人工智能技术丛书）
　　ISBN 978-7-302-56713-4

　　Ⅰ.①K… Ⅱ.①王… Ⅲ.①虚似处理机—高等学校—教材 ②Linux 操作系统—程序设计—高等学校—教材 ③计算机网络—高等学校—教材 Ⅳ.①TP338 ②TP316.85 ③TP393

　　中国版本图书馆 CIP 数据核字(2020)第 203509 号

责任编辑：闫红梅
封面设计：刘 键
责任校对：胡伟民
责任印制：刘海龙

出版发行：清华大学出版社
　　　　网　　　址：http://www.tup.com.cn，http://www.wqbook.com
　　　　地　　　址：北京清华大学学研大厦 A 座　　　　　　邮　　编：100084
　　　　社 总 机：010-62770175　　　　　　　　　　　　邮　　购：010-83470235
　　　　投稿与读者服务：010-62776969，c-service@tup.tsinghua.edu.cn
　　　　质量反馈：010-62772015，zhiliang@tup.tsinghua.edu.cn
　　　　课件下载：http://www.tup.com.cn,010-83470236
印 装 者：三河市龙大印装有限公司
经　　销：全国新华书店
开　　本：185mm×260mm　　印　张：13　　　　　字　　数：325 千字
版　　次：2021 年 1 月第 1 版　　　　　　　　　　印　　次：2021 年 7 月第 3 次印刷
印　　数：2301～3500
定　　价：49.80 元

产品编号：088185-01

前　言

现代企业的数据中心大量使用虚拟化技术,或者使用云计算技术,相比早期的数据中心来讲,虚拟化与云计算有非常明显的优势,它可以进行资源整合,提高资源的利用率,同时还便于管理员的日常运行与维护工作。因此,对于企业的数据中心来讲,需要大量的虚拟化与云计算人才,现在很多高校开设了云计算专业,或者增设了计算机类专业的云计算方向。虚拟化与云计算人才的需求量大,待遇高,希望读者在学好计算机学科基础知识的同时,好好学习一下虚拟化与云计算。

虚拟化常见的技术有 VMware 公司的 vSphere、Microsoft 公司的 Hyper-V、Citrix 公司的 XenServer、华为公司的 FusionCompute 以及开源的 KVM 等,这些技术都比较成熟。本书主要介绍 KVM,KVM 是基于内核的虚拟化技术,是一项开源的技术,从 2010 年红帽企业 Linux 6.0 版本开始,就融入红帽的产品中,现在贯穿红帽的整个产品,包括 RHEL(红帽企业 Linux)、RHEV(红帽企业虚拟化)、Red Hat OpenStack Platform(红帽 OpenStack 云平台)等。同时,本书还介绍了轻量级虚拟化技术容器,与传统的虚拟化技术相比,它没有 GuestOS 这一层,因此在宿主机上运行起来会更加轻松,更重要的是它深受开发人员喜爱,因为它实现了一次配置,可以在任何地方运行。它将运行项目的一切环境、配置、依赖等作为整体,制作成一个镜像文件,然后再进行批量部署。

云计算技术常见的有 Amazon 公司的 AWS、Microsoft 公司的 Azure、阿里巴巴公司的 Aliyun 以及开源的 OpenStack 等。本书主要介绍 OpenStack,OpenStack 是一个云平台操作系统,不同于 Windows 与 Linux,它是一个分布式操作系统,可以把分布在多个节点中的计算、存储、网络资源统一起来进行池的管理,并且可以通过 Web 界面进行管理,它是当今最热的技术之一,除了中国移动、中国联通、中国电信三大运营商之外,百度、中国铁路、中国银联、中国邮政储蓄银行和中国国家电网等企业都是 OpenStack 的用户。而在 OpenStack 的最新版本 Train 中,有近 3000 次代码更改来自我国上游贡献者,在 165 个国家的贡献度中位列第二,来自我国的个体贡献者共有 150 多名,人数也位列第二。由此可见 OpenStack 在我国的火爆程度。

为了方便读者学习,本书配备 38 个微视频,读者刮开封底的刮刮卡,获取验证码后,即可扫码观看。同时本书有很多重要提示,想一想、试一试等启发读者进行相关思考与尝试。

本书由广州理工学院王金恒与王煜林老师、广东机电职业技术学院刘卓华老师以及广东机械技师学院钱宏武老师担任主编,在本书编写过程中,学院的多位领导、老师提出了非常宝贵的建议,还有和我一起奋斗的天网工作室、双师型工作室的小伙伴们,特别是蔡灿凯、林孟海、陈小草对全书所有的实验进行了校验,在此一并表示感谢。

由于编者水平有限,书中有不足之处在所难免,恳请广大读者批评指正。

编　者

2020 年 3 月

目　录

第一部分　KVM 虚拟化技术

第二部分　容　　器

第一部分　KVM虚拟化技术

第 **1** 章

KVM概述及环境配置

KVM(基于内核的虚拟机)是常见的虚拟化工具,在市场上有广泛的应用,从 RHEL6 开始,红帽默认使用的就是 KVM,本章介绍虚拟化概述,重点讲述 KVM 虚拟化,同时介绍本书实验环境的配置,让读者把环境搭建好,跟着本书一起轻松地学习虚拟化与云计算技术。

▶ **学习目标:**
- 了解虚拟化相关的概念。
- 掌握通过 VMware 新建虚拟机。
- 掌握在虚拟机里安装 RHEL7 操作系统的方法。

1.1 KVM 虚拟化概述

1.1.1 虚拟化概念

虚拟化是指通过虚拟化技术将一台计算机虚拟为多台逻辑计算机。在一台计算机上同时运行多个逻辑计算机,每个逻辑计算机可运行不同的操作系统,并且应用程序都可以在相互独立的空间内运行而互相不影响,从而显著提高计算机的工作效率。

虚拟化使用软件的方法重新定义划分 IT 资源,可以实现 IT 资源的动态分配、灵活调度、跨域共享,提高 IT 资源利用率,使 IT 资源能够真正成为社会基础设施,服务于各行各业中灵活多变的应用需求。

虚拟化的实体是各种各样的 IT 资源,如果按照这些实体的资源划分,可分为服务器虚拟化、桌面虚拟化、存储虚拟化、网络虚拟化以及应用虚拟化,本书重点介绍的是服务器虚拟化。

1.1.2　虚拟化的产生背景

传统的服务器是一台硬件服务器上运行一个操作系统、一个应用,但是随着硬件技术的发展,服务器的各种资源的使用率都非常低,加上软硬件的故障,导致服务的可靠性大大降低。

使用虚拟化后,可以在一台硬件服务器上运行多个虚拟机,每个虚拟机都有自己的操作系统,运行各自的应用程序,如图 1-1 所示。同时,还可以通过一些管理工具对虚拟机进行集中管理,比如当某一台虚拟机所在的硬件服务器出了问题,可以动态地将此虚拟机迁移到另一台硬件服务器上,保证服务不中断。

图 1-1　传统服务器与虚拟化服务器

1.1.3　虚拟化架构

常见的虚拟机管理程序有两类:一类为裸金属架构,是虚拟机管理程序直接运行在硬件之上,如图 1-2 所示,然后多个虚拟机在虚拟机管理器上运行,裸金属架构的虚拟机管理程序常见的有 VMware 公司的 ESXi、Citrix 公司的 Xen、Microsoft 公司的 Hyper-V、华为公司的 CNA 以及 Red Hat 公司的 KVM,它们都是一个定制的 Linux 系统;另一类为宿主架构,顾名思义,也就是说虚拟机管理程序需要硬件服务器上安装有操作系统,然后这个虚拟机管理器是运行在硬件服务器的操作系统上,虚拟机管理器作为宿主机操作系统上的一个程序模块运行,并对虚拟机进行管理,宿主架构的虚拟机管理程序常见的有VirtualBox、VMware Workstation。

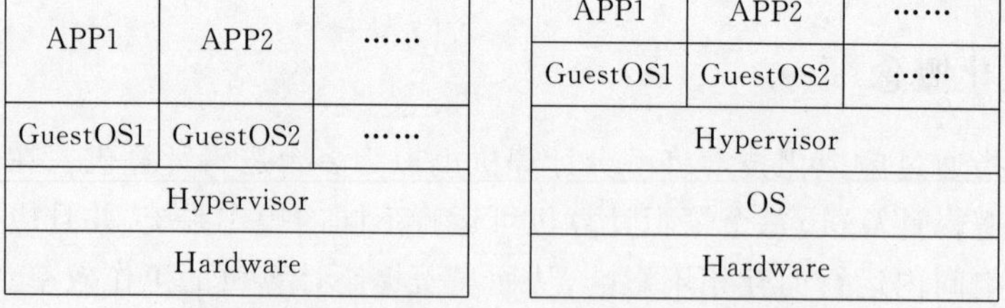

图 1-2　虚拟化架构

（a）裸金属架构　　（b）宿主架构

1.1.4　主流虚拟化技术

1. VMware 的 vSphere

VMware vSphere 是 VMware 公司推出的一套成熟的企业级虚拟化解决方案,它不是特定的产品或软件。VMware vSphere 是整个 VMware 套件的商业名称。VMware vSphere 的两个核心组件是 ESXi 服务器和 vCenter Server。ESXi 是虚拟机管理器，可以在 ESXi 主机中创建和运行虚拟机和虚拟设备。vCenter Server 用于管理网络中连接的多个 ESXi 主机及相关资源的管理中心，集中管理多台 ESXi 主机。

2. Microsoft 的 Hyper-V

2008 年微软 Microsoft 公司发布基于 Hyper-V 的虚拟化产品，最开始应用在服务器产品中。经过多年的发展，Hyper-V 技术逐步成熟，其功能也得到了完善。从 Windows Server 2008 开始，Hyper-V 开始集成在 Windows 的系统中。同样，Windows Server 2012 操作系统中也默认集成了 Hyper-V，现在已经发展到第三代了。

3. Citrix 的 XenServer

Citrix XenServer 是思杰公司基于 Xen 的虚拟化服务器。Citrix XenServer 是一套全面而易于管理的服务器虚拟化平台，基于强大的 Xen Hypervisor 程序之上。XenServer 技术被广泛看作业界强大的虚拟化软件。XenServer 是为了高效地管理 Windows 和 Linux 操作系统而设计的，可提供经济高效的服务器整合和业务连续性。

4. 华为公司的 FusionCompute

华为公司 FusionSphere 虚拟化套件是业界领先的虚拟化解决方案，能够为客户带来许多的价值，可以大幅度提升数据中心基础设施的效率。FusionSphere 虚拟化套件主要由 CNA 与 VRM 组成，其中 CNA（Compute Node Agent）部署在需要虚拟化的服务器上，主要提供虚拟计算功能、管理计算节点上的虚拟机以及管理计算节点上的计算、存储、网络资源，而 VRM（Virtual Resource Management）可以部署成虚拟机方式或者部署在物理服务器上，VRM 对外提供网页操作界面，供管理维护人员对整个系统进行操作维护，包含资源管理、资源监控、资源报表等。

5. Red Hat 的 KVM

Kernel-based Virtual Machine（KVM）是一款开源软件，基于内核的虚拟化技术，实际是嵌入系统的一个虚拟化模块，通过优化内核来使用虚拟技术，该内核模块使得 Linux 变成了一个 Hypervisor，虚拟机使用 Linux 自身的调度器进行管理。KVM 是 Linux 的一部分，Linux 2.6.20 或更新版本都包括 KVM，KVM 于 2006 年首次公布，并在一年后合并到主流 Linux 内核版本中。2009 年 9 月，红帽发布其企业级 Linux 的 5.4 版本（RHEL5.4），在原先的 Xen 虚拟化机制上，将 KVM 添加进来。2010 年 11 月，红帽发布其企业级 Linux 的 6.0 版本（RHEL6.0），这个版本将默认安装的 Xen 虚拟化机制彻底去除，仅提供 KVM 虚拟化机制。

KVM 的内核模块为 kvm.ko，只用于管理虚拟 CPU 和内存。IO 的虚拟化，是交给 Linux 内核和 qemu 来实现的。Libvirt 是 KVM 的管理工具。Libvirt 包含后台 daemon 程序 libvirtd、API 库和命令行工具 virsh，其中 libvirtd 是运行在后台的服务程序，接收和处理 API 请求;API 库使得其他人可以开发基于 Libvirt 的高级工具,比如 virt-manager,这是个图形化的 KVM 管理工具;virsh 是经常要用的 KVM 命令行工具。因此,virsh 和 virt-manager 是接下来将要重点讲解的管理虚拟机的两个工具。

1.2 新建虚拟机

本教程的实验环境是,先在 Windows 操作系统上安装 VMware Workstation,然后新建一台 RHEL7(Red Hat Enterprise Linux 7)的虚拟机,在 RHEL7 上安装 KVM。RHEL7 在此称为宿主机(Host),而 KVM 虚拟机里安装的操作系统称为客户操作系统(GuestOS)。下面讲解如何在 VMware Workstation 上新建虚拟机,以及如何在新建的虚拟机里安装 RHEL7。在 VMware Workstation 上新建虚拟机的具体操作步骤如下:

(1)准备 VMware Workstation 14 Pro 软件,并在 Windows 操作系统下安装此软件,安装步骤简单,在此就不再叙述。如图 1-3 所示,就是已经安装好了的 VMware Workstation 界面。

图 1-3　VMware Workstation 界面

(2)单击图 1-3 中的“创建新的虚拟机”按钮,弹出如图 1-4 所示的“新建虚拟机向导”对话框,在此选择“典型”。

(3)在图 1-4 中,单击“下一步”按钮,弹出如图 1-5 所示的对话框,选择安装操作系统的来源,在此,选择“稍后安装操作系统”。

(4)在图 1-5 中,单击“下一步”按钮,弹出如图 1-6 所示的对话框,选择客户机操作系统,在此选择 Linux,版本选择 Red Hat Enterprise Linux 7 64 位。

(5)在图 1-6 中,单击“下一步”按钮,弹出如图 1-7 所示的对话框,设置虚拟机相关的信息,在此,虚拟机名称为 RHEL7,位置为“C:\虚拟化与云计算\RHEL7”,位置也可以根据自己的实际情况进行选择。

(6)在图 1-7 中,单击“下一步”按钮,弹出如图 1-8 所示的对话框,设置磁盘相关的信息,在此,默认是 20GB,因为要在里面安装 KVM 虚拟机,虚拟机的磁盘也将会占用大量的存储空间,因此,在这里设置为 100GB。

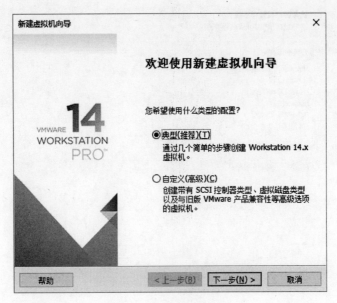

图 1-4　新建虚拟机向导

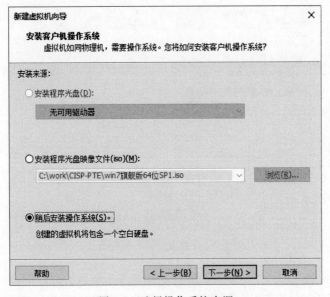

图 1-5　选择操作系统来源

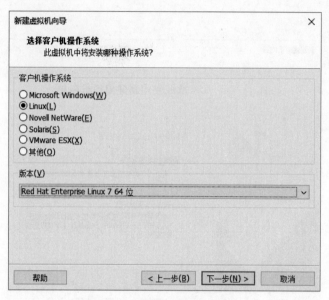

图 1-6　选择客户机操作系统

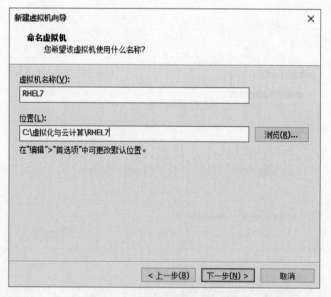

图 1-7　设置虚拟机相关的信息

(7) 在图 1-8 中,单击"下一步"按钮,弹出如图 1-9 所示的对话框,进行最后的虚拟机的确认,如果没有问题,单击"完成"按钮,一台新的虚拟机就安装完成了。如果想进一步对虚拟机进行设置,可以单击"自定义硬件"按钮,进行设置。

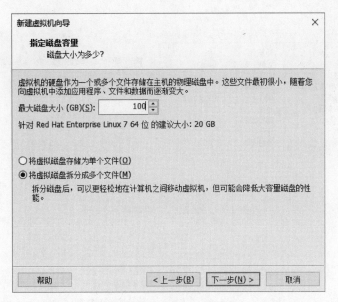

图 1-8　设置磁盘相关的信息

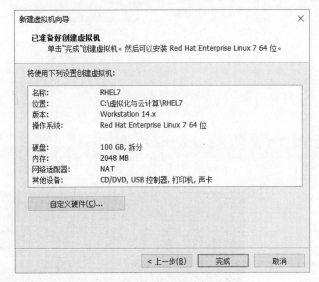

图 1-9　虚拟机的确认

（8）在图 1-9 中，单击"自定义硬件"按钮，弹出如图 1-10 所示的对话框，其中显示了硬件信息列表，在此，可以修改硬件的配置。如图 1-11 所示，将内存设置为 8GB，CPU 设置为 2 核，并且选中 CPU 的"虚拟化引擎"选项区域的"虚拟化 Intel VT-x/EPT 或 ADM-V/RVI(V)"复选框，这个非常重要，有了此选择，RHEL7 才能支持虚拟化，KVM 才能正常工作。

（9）修改完成并确认后，将弹出如图 1-12 所示的窗口，至此，就完成了新建一台 RHEL7 的虚拟机的工作。

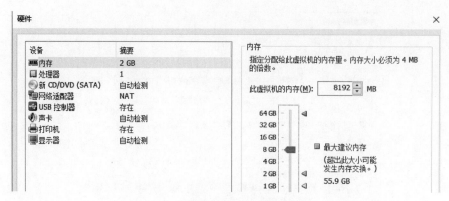

图 1-10 虚拟机的硬件信息列表

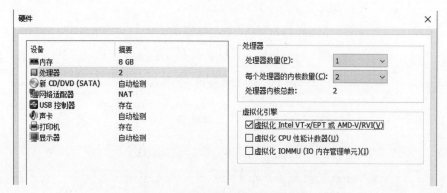

图 1-11 修改虚拟机的 CPU 与内存

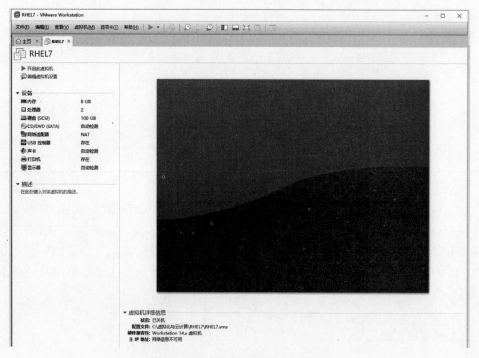

图 1-12 新建一台 RHEL7 的虚拟机

1.3 在虚拟机里安装 RHEL7

新建虚拟机之后,就可以在虚拟机里安装 RHEL7 了。安装 RHEL7 需要计算机的 CPU 具备两个条件,一是需要 64 位 CPU,二是需要 CPU 支持虚拟化,并且在 BIOS 里把虚拟化的功能打开。如图 1-13 所示,就是未在 BIOS 上开启虚拟化,当启动虚拟机安装 RHEL7 时将会报错。如图 1-14 所示,工具 SecurAble 显示此台计算机两个条件都是具备的,接下来就可以安装了。

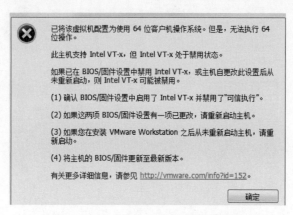

图 1-13　BIOS 上未开启虚拟化报错

图 1-14　查看硬件是否支持 RHEL7

当硬件支持 RHEL7 后,就可以在新建的虚拟机里面安装 RHEL7 了,下面讲解安装 RHEL7 的具体操作步骤:

(1) 在图 1-12 中单击"编辑虚拟机设置"按钮,弹出如图 1-15 所示的对话框,选择 CD/DVD,在右边的"连接"选项区域中选择"使用 ISO 映像文件"单选按钮,单击"浏览" 按钮,选择 RHEL7 的安装映像,单击"确定"按钮。

图 1-15 挂载 RHEL7 的 ISO 映像

(2) 挂载完 RHEL7 的安装映像之后,单击"开启此虚拟机"按钮,如图 1-16 所示,启动虚拟机,开启 RHEL7 的安装过程。

(3) 开启虚拟机之后,此时虚拟机就会从光盘进行引导,开始安装 RHEL7,如图 1-17 所示,选择安装 Red Hat Enterprise Linux 7.3 后,按回车键,开始安装 RHEL7。

(4) 接下来就会出现如图 1-18 所示的界面,此界面要求选择安装过程中的语言,选择默认的 English(United States)。

(5) 单击 Continue 按钮,就会出现如图 1-19 和图 1-20 所示的界面,这是一个安装汇总信息,图中所有信息都设置完成之后,Begin Installation 按钮才会由灰色变成黑色。

图 1-16　开启虚拟机

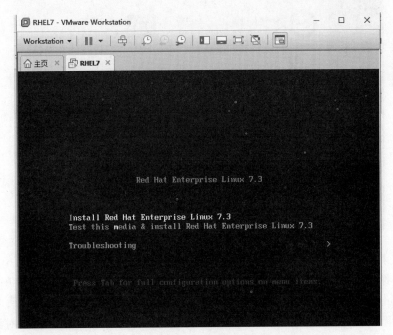

图 1-17　安装 RHEL7 菜单

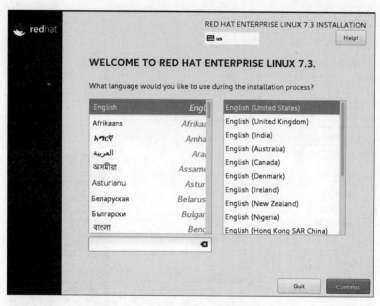

图 1-18　选择安装过程中的语言

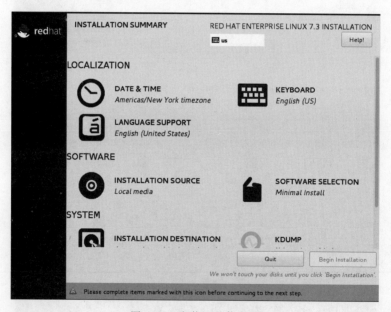

图 1-19　安装汇总信息 1

　　(6) 选择图 1-19 中的 DATA & TIME 来设置时区,如图 1-21 所示,在这里选择 Asia 的 Shanghai,然后再单击 Done 按钮完成设置,返回到安装汇总信息页。

　　(7) 在图 1-19 中,选择 SOFTWARE SELECTION,弹出如图 1-22 所示对话框,在这里选择 Server with GUI,这样安装后就会有一个 GNOME 的图形界面,单击 Done 按钮完成设置,返回到安装汇总信息页。

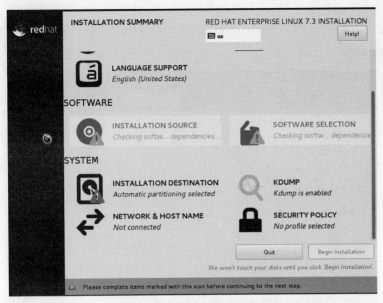

图 1-20　安装汇总信息 2

图 1-21　选择时区

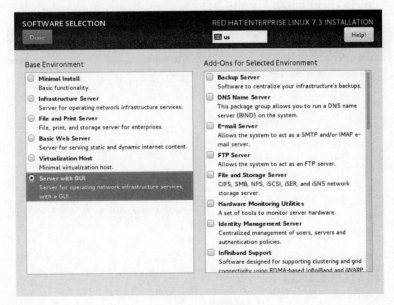

图 1-22　选择软件

(8) 在图 1-20 中,选择 INSTALLATION DESTINATION,弹出如图 1-23 所示对话框,在这里选择 I will configure partitioning,再单击 Done 按钮,也就意味着将立即进行分区操作。

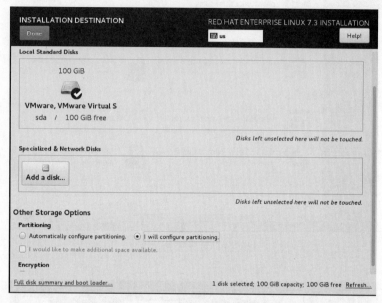

图 1-23　立即对磁盘进行分区

(9) 在图 1-23 中单击 Done 按钮之后,将弹出如图 1-24 所示的 MANUAL PARTITIONING 对话框,也就意味着将进行手工分区,选择 Standard Partition,再选择 Click here to create them automatically。

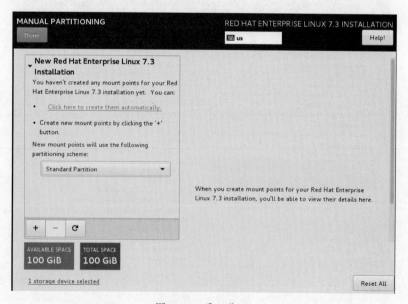

图 1-24　手工分区

（10）完成上述操作后，将弹出如图1-25所示的对话框，在此对话框中，删除/home分区，只保留三个（/boot、/、swap）分区，并且调整"/"分区的大小，将它调到80GB（说明：图中单位GiB与GB同），如图1-26所示。

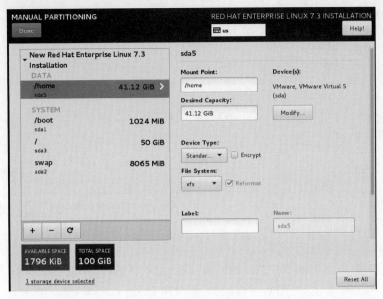

图1-25　修改分区表

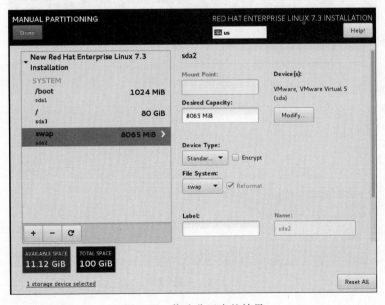

图1-26　修改分区表的结果

（11）修改完分区表后，单击Done按钮，将弹出如图1-27所示的对话框，在这里单击Accept Changes按钮，将进行分区与格式化分区。

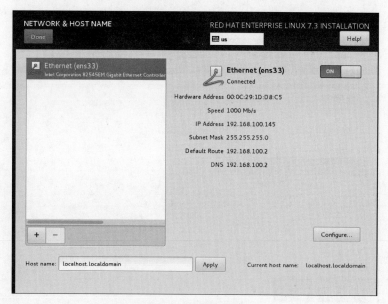

SUMMARY OF CHANGES

Your customizations will result in the following changes taking effect after you return to the main menu and begin installation:

Order	Action	Type	Device Name	Mount point
1	Destroy Format	Unknown	sda	
2	Create Format	partition table (MSDOS)	sda	
3	Create Device	partition	sda1	
4	Create Device	partition	sda2	
5	Create Format	swap	sda2	
6	Create Device	partition	sda3	
7	Create Format	xfs	sda3	/
8	Create Format	xfs	sda1	/boot

Cancel & Return to Custom Partitioning   Accept Changes

图 1-27　分区与格式化

（12）选择图 1-20 中的 NETWORK & HOSTNAME，将弹出如图 1-28 所示的对话框，在这里单击 ON 按钮，对网络进行配置，此时网卡 ens33 也获得了 IP 地址。

图 1-28　配置网络

（13）安装汇总信息的所有信息都设置完成后，就可以单击 Begin Installation 按钮进行安装，如图 1-29 所示。

（14）安装过程中要求设置两个用户，一是对 root 用户设置密码，二是创建一个普通用户，如图 1-30 所示。

图 1-29　完成的安装汇总信息

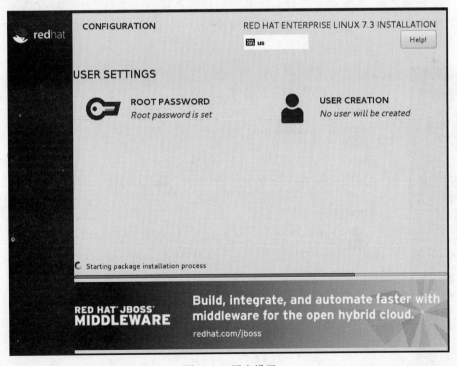

图 1-30　用户设置

（15）安装完成后，就可以单击如图 1-31 所示的 Reboot 按钮完成安装。

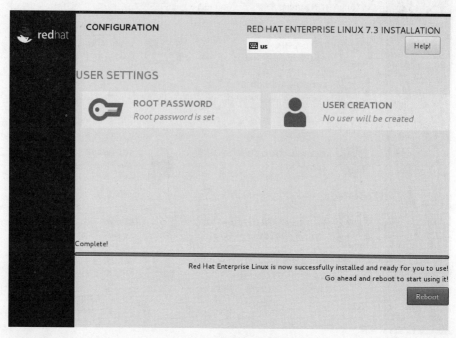

图 1-31　完成安装界面

（16）重启之后，系统也要进行一些基本的设置才能进入系统，如图 1-32 所示，在这里要同意 LICENSE INFORMATION 以及创建一个普通用户等，在此，就不一一说明了。

图 1-32　安装后的一些设置

（17）设置完成后，就可以登录系统了，图 1-33
所示是用户登录界面，在这里，选择 Not listed?，使用
root 用户进行登录。

（18）输入用户名 root，如图 1-34 所示，输入刚
刚安装时设置的密码，如图 1-35 所示，再单击 Sign in
按钮，就可以登录到系统了。

图 1-33　用户登录界面

图 1-34　输入用户名

图 1-35　输入密码

（19）图 1-36 所示是 RHEL7 的桌面，非常简洁，上面是任务栏，下面是桌面。

图 1-36　RHEL7 的桌面

（20）对 RHEL7 操作最多的还是命令行，因此要进入命令行，如图 1-37 所示，右击桌
面，在弹出的快捷菜单中选择 Open Terminal 命令，将弹出如图 1-38 所示的对话框，也就
是命令行界面，在提示符后面输入命令。

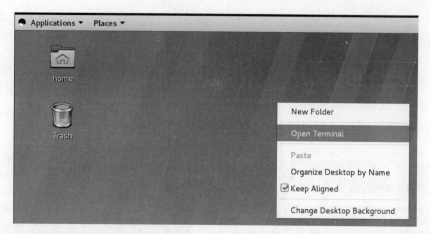

图 1-37　在桌面上右击

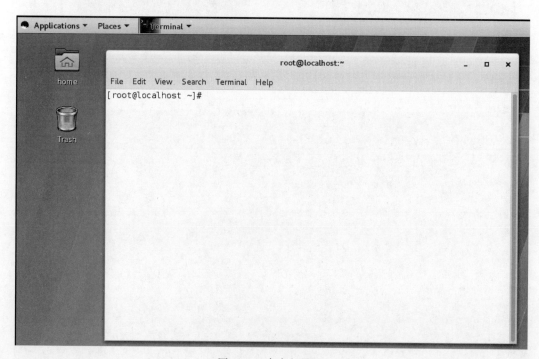

图 1-38　命令行界面

1.4　远程管理 RHEL7

通常管理 Linux 都是采用远程的方式，远程管理 Linux 的两种方式，一种是命令行的方式，另一种是图形的方式。下面进行具体介绍。

1.4.1　通过命令行初始化配置

初始化配置的步骤如下：

（1）关闭防火墙，如图 1-39 所示，不仅使用 stop 关闭防火墙，还要采用 disable 的方法禁止系统启动的时候启动防火墙。

```
[root@localhost ~]# systemctl status firewalld.service
 firewalld.service - firewalld - dynamic firewall daemon
  Loaded: loaded (/usr/lib/systemd/system/firewalld.service; enabled; vendor pr
eset: enabled)
  Active: active (running) since Sat 2020-02-15 15:45:07 CST; 8min ago
    Docs: man:firewalld(1)
 Main PID: 718 (firewalld)
  CGroup: /system.slice/firewalld.service
          └─718 /usr/bin/python -Es /usr/sbin/firewalld --nofork --nopid

Feb 15 15:45:05 localhost.localdomain systemd[1]: Starting firewalld - dynami...
Feb 15 15:45:07 localhost.localdomain systemd[1]: Started firewalld - dynamic...
Hint: Some lines were ellipsized, use -l to show in full.
[root@localhost ~]#
[root@localhost ~]# systemctl stop firewalld.service
[root@localhost ~]#
[root@localhost ~]# systemctl disable firewalld.service
Removed symlink /etc/systemd/system/dbus-org.fedoraproject.FirewallD1.service.
Removed symlink /etc/systemd/system/basic.target.wants/firewalld.service.
[root@localhost ~]#
```

图 1-39　关闭防火墙

（2）关闭 SELinux，如图 1-40 所示，临时关闭 SELinux，同时也要永久关闭 SELinux，如图 1-41 所示，需要修改配置文件，在配置文件中，设置 SELINUX＝permissive，这样系统重启后，SELinux 也就关闭了。

```
[root@localhost ~]# setenforce 0
[root@localhost ~]#
[root@localhost ~]# getenforce
Permissive
```

图 1-40　临时关闭 SELinux

```
[root@localhost ~]# vim /etc/selinux/config
[root@localhost ~]#
[root@localhost ~]# cat /etc/selinux/config

# This file controls the state of SELinux on the system.
# SELINUX= can take one of these three values:
#     enforcing - SELinux security policy is enforced.
#     permissive - SELinux prints warnings instead of enforcing.
#     disabled - No SELinux policy is loaded.
SELINUX=permissive
# SELINUXTYPE= can take one of three two values:
#     targeted - Targeted processes are protected,
#     minimum - Modification of targeted policy. Only selected processes are pro
tected.
#     mls - Multi Level Security protection.
SELINUXTYPE=targeted
```

图 1-41　永久关闭 SELinux

1.4.2　通过字符界面进行远程管理

远程管理 RHEL7，必须先实现 RHEL7 与 Windows 的连通，也就是先要配置好两台主机的 IP 地址。下面讲解具体的配置步骤：

（1）选择网络连接的模式，如图 1-42 所示，此处选择"NAT 模式"。

（2）设置虚拟网络，让 RHEL7 能自动获得 IP 地址，如图 1-43 所示，选择 VMware Workstation 菜单栏中的"编辑"菜单，在"编辑"菜单中选择"虚拟网络编辑器"，弹出如图 1-44 所示的对话框，选择"NAT 模式"，启动 DHCP，修改子网地址为 192.168.100.0。

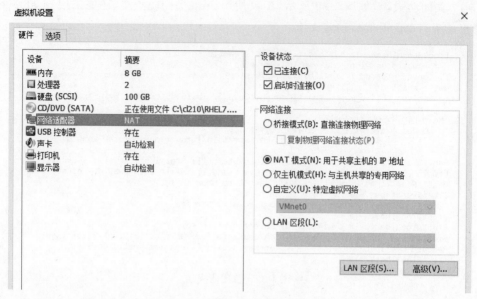

图 1-42 选择网络连接的模式

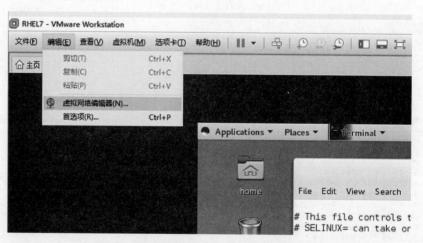

图 1-43 选择"编辑"菜单中的"虚拟网络编辑器"

（3）进入 RHEL7,在命令行中输入命令 dhclient,让 RHEL7 自动获得 IP 地址,如图 1-45 所示,再查看 IP 地址,发现 RHEL7 的网卡 ens33 已获得 IP 地址 192.168.100.145/24。

（4）RHEL7 的 IP 地址设置完成后,也要设置 Windows 的 IP 地址,如图 1-46 所示,双击 VMware Network Adapter VMnet8 图标,设置 IP 地址,此时让其自动获取即可。配置完成后,查看其 IP 地址,如图 1-47 所示,获得的 IP 地址是 192.168.100.1/24。

（5）测试连通性,在 Windows 下去 ping RHEL7,如图 1-48 所示。

（6）设置 RHEL7 的主机名,如图 1-49 所示,将 RHEL7 的主机名设置成 node1.wyl.com。

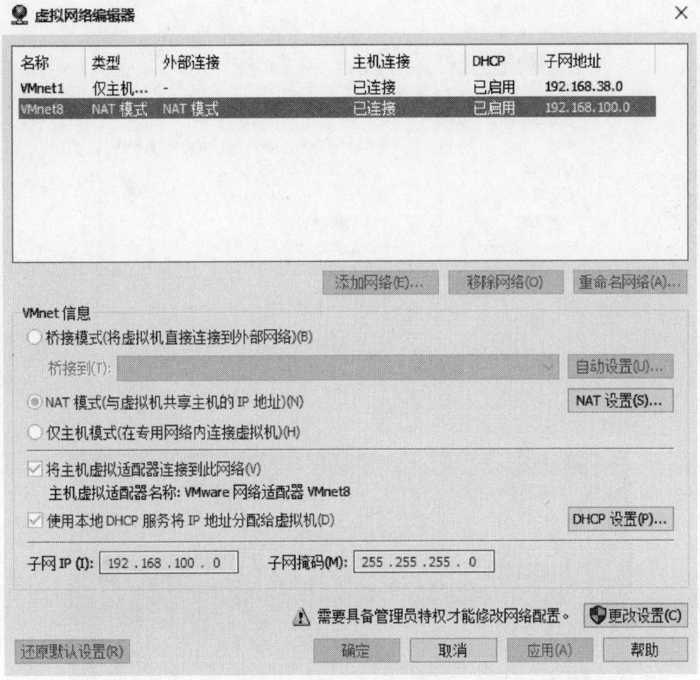

图 1-44 "虚拟网络编辑器"界面

```
[root@localhost ~]# dhclient
[root@localhost ~]#
[root@localhost ~]# ip address
1: lo: <LOOPBACK,UP,LOWER_UP> mtu 65536 qdisc noqueue state UNKNOWN qlen 1
    link/loopback 00:00:00:00:00:00 brd 00:00:00:00:00:00
    inet 127.0.0.1/8 scope host lo
       valid_lft forever preferred_lft forever
    inet6 ::1/128 scope host
       valid_lft forever preferred_lft forever
2: ens33: <BROADCAST,MULTICAST,UP,LOWER_UP> mtu 1500 qdisc pfifo_fast state UP qlen 1000
    link/ether 00:0c:29:1d:d8:c5 brd ff:ff:ff:ff:ff:ff
    inet 192.168.100.145/24 brd 192.168.100.255 scope global dynamic ens33
       valid_lft 1784sec preferred_lft 1784sec
    inet6 fe80::20c:29ff:fe1d:d8c5/64 scope link
       valid_lft forever preferred_lft forever
```

图 1-45 设置并查看 RHEL7 IP 地址

图 1-46 配置 VMnet8 的 IP 地址

图 1-47   查看 VMnet8 的 IP 地址

```
C:\Windows\System32\cmd.exe

Microsoft Windows [版本 10.0.10586]
(c) 2015 Microsoft Corporation。保留所有权利。

C:\Windows\system32>ping 192.168.100.145

正在 Ping 192.168.100.145 具有 32 字节的数据:
来自 192.168.100.145 的回复: 字节=32 时间<1ms TTL=64
来自 192.168.100.145 的回复: 字节=32 时间<1ms TTL=64
来自 192.168.100.145 的回复: 字节=32 时间<1ms TTL=64
来自 192.168.100.145 的回复: 字节=32 时间<1ms TTL=64

192.168.100.145 的 Ping 统计信息:
    数据包: 已发送 = 4, 已接收 = 4, 丢失 = 0 (0% 丢失),
往返行程的估计时间(以毫秒为单位):
    最短 = 0ms, 最长 = 0ms, 平均 = 0ms
```

图 1-48   测试 Windows 与 Linux 之间的连通性

```
[root@localhost ~]# hostnamectl set-hostname node1.wyl.com
[root@localhost ~]#
[root@localhost ~]# hostnamectl
   Static hostname: node1.wyl.com
         Icon name: computer-vm
           Chassis: vm
        Machine ID: 352c08b6cc384826a55ce185cb7b9cfa
           Boot ID: c3235290dfff44f78dad75cc2093a598
    Virtualization: vmware
  Operating System: Red Hat Enterprise Linux Server 7.3 (Maipo)
       CPE OS Name: cpe:/o:redhat:enterprise_linux:7.3:GA:server
            Kernel: Linux 3.10.0-514.el7.x86_64
      Architecture: x86-64
```

图 1-49   设置 RHEL7 的主机名

(7) 安装 Xmanager Enterprise 5,使用 Xshell 远程管理 RHEL7,图 1-50 是安装好的 Xmanager Enterprise 5。

(8) 双击打开 Xshell,如图 1-51 所示,在菜单栏中,选择"文件"中的"新建"来新建一个连接,方便后面直接打开 RHEL7 的会话。

(9) 设置会话信息,如图 1-52 所示,在名称文本框中输入 node1,主机文本框中输入 RHEL7 的 IP 地址 192.168.100.145,再选择左边类别"用户身份验证",如图 1-53 所示, 在"用户名"文本框中输入 root,密码则是安装系统时设置的 root 密码,其他保持不变。

图 1-50 安装 Xmanager Enterprise 5

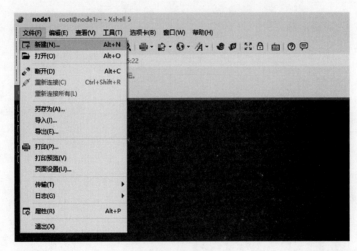

图 1-51 新建会话

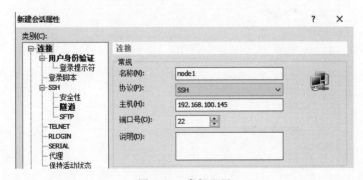

图 1-52 常规配置

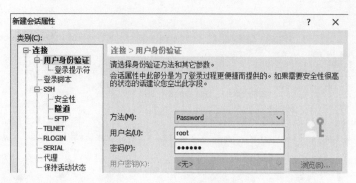

图 1-53　用户身份验证配置

(10) 完成会话配置后,弹出如图 1-54 所示的对话框,在该对话框中有 node1 的会话,此时选中它,单击"连接"按钮,就可以连接到 RHEL7 系统了。

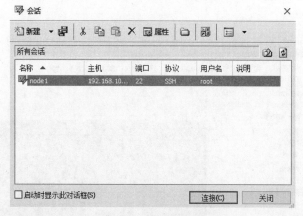

图 1-54　"会话"对话框

(11) 连接 RHEL7 的时候,需要接受主机的密钥,如图 1-55 所示,在这里单击"接受并保存"按钮,就连接到了 RHEL7。如图 1-56 所示,就有了 RHEL7 的提示符。

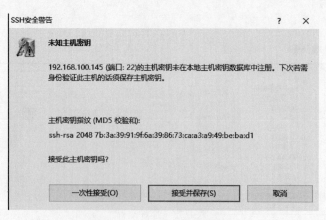

图 1-55　接受主机的密钥

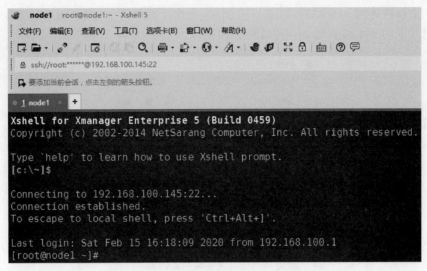

图 1-56 远程连接 RHEL7 界面

1.4.3 通过图形界面进行远程管理

在管理 KVM 的时候，有时也需要图形界面的管理，选择 Xmanager 可远程以图形的方式管理 RHEL7，Xmanager 是可以浏览远端 X 窗口系统的工具，运行 Windows 平台的 X Server 软件，远程把 UNIX/Linux 的桌面无缝地带到 Windows 桌面上。下面讲解其具体操作：

（1）修改会话，在"新建会话属性"窗口选择"隧道"如图 1-57 所示，选择"转发 X11 连接到"下面的 Xmanager。

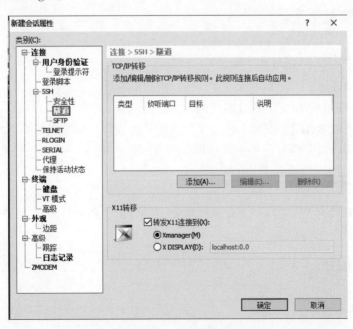

图 1-57 修改会话

（2）重新连接到 node1 上，如图 1-58 所示，在命令提示符下，输入 gedit & 命令，将打开 RHEL7 下的文本编辑器 gedit，如图 1-59 所示。

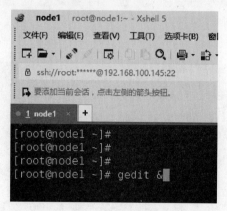

图 1-58　输入文本编辑器的命令

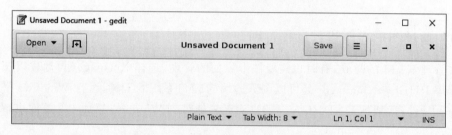

图 1-59　RHEL7 下的文本编辑器 gedit

1.5　本章实验

1.5.1　实验目的

➢ 了解实验环境。
➢ 了解 VMware Workstation 的使用。
➢ 掌握宿主机 RHEL7 安装。
➢ 掌握如何通过字符与图形方式远程管理 RHEL7。

1.5.2　实验环境

PC 一台，安装有 Windows 7/10 操作系统，要求 CPU 必须是 64 位且在 BIOS 中开启了虚拟化功能。

1.5.3　实验拓扑

实验拓扑图如图 1-60 所示。

RHEL7	RHEL7	RHEL7
node1	node2	storage
VMware Workstation		
Windows10		
Hardware		

图 1-60 实验拓扑图

1.5.4 实验内容

如图 1-60 所示，在 Windows 7/10 操作系统上，安装 VMware Workstation 14/15，在 VMware Workstation 上新建三台虚拟机，分别为 node1、node2 与 storage，在三台虚拟机上都安装操作系统 RHEL7，并且要求可以在 Windows 7/10 操作系统上使用 Xmanager 对 RHEL7 进行远程管理。设备的 IP 地址规划如表 1-1 所示。

表 1-1 设备 IP 地址规划表

设　　备	IP 地址/掩码	网　　关	DNS	备　　注
node1	192.168.100.145/24	192.168.100.2	192.168.100.2	
node2	192.168.100.146/24	192.168.100.2	192.168.100.2	
storage	192.168.100.150/24	192.168.100.2	192.168.100.2	
Windows10	自动获取			VMnet8 网卡

重点提示：在 VMware Workstation 中通常采用 NAT 的网络模式，要想指定某一个网段地址，必须要对 VMware Workstation 的网络进行设置，可以参考图 1-43 和图 1-44。

第2章

安装KVM并且在KVM里面安装RHEL7

当宿主机 RHEL7 安装好之后，就可以在宿主机上安装 KVM 了，并且可以通过 KVM 的虚拟机管理器来新建虚拟机，同时还可以在新建的虚拟机上安装客户操作系统。

▶ 学习目标：

- 了解虚拟化的条件有哪些。
- 掌握通过虚拟机管理器来新建虚拟机。
- 掌握在虚拟机里安装客户操作系统。

2.1 在 RHEL7 主机上安装 KVM

2.1.1 查看是否具备虚拟化条件

不是所有主机都支持虚拟化的，主机支持虚拟化必须具备三个条件，一是 CPU 必须是 64 位，二是 CPU 具有虚拟化功能，三是在 BIOS 中要开启虚拟化，每一款主板不太一样，因此在 BIOS 开启虚拟化的方式也不太一样，具体参考主板说明。

因为 KVM 是安装在 RHEL7 主机上，因此，可以在 RHEL7 上查看主机是否支持虚拟化，通过查看 CPU 信息的命令来进行查看。如图 2-1 所示，可以看到此主机的 CPU 为 Intel 公司的 i 系列 CPU，从 flags 字段中可以看到 CPU 有两个标志：lm 表明此 CPU 为 64 位，vmx 表明此 CPU 支持虚拟化功能。

KVM 是基于内核的虚拟机，因此，RHEL 系统也必须加载 KVM 模块，如图 2-2 所示。

2.1.2 安装 KVM

KVM 的软件都在 RHEL7 的安装镜像里，因此，需要把安装镜像作为软件源。在此，搭建 FTP 服务器来创建软件源，其具体步骤如下：

```
[root@node1 ~]# cat /proc/cpuinfo
processor       : 0
vendor_id       : GenuineIntel
cpu family      : 6
model           : 158
model name      : Intel(R) Core(TM) i7-7700 CPU @ 3.60GHz
stepping        : 9
microcode       : 0x5e
cpu MHz         : 3599.711
cache size      : 8192 KB
physical id     : 0
siblings        : 2
core id         : 0
cpu cores       : 2
apicid          : 0
initial apicid  : 0
fpu             : yes
fpu_exception   : yes
cpuid level     : 22
wp              : yes
flags           : fpu vme de pse tsc msr pae mce cx8 apic sep mtrr pge mca cmov pat pse36 clflush mmx fxsr
sse sse2 ss ht syscall nx pdpe1gb rdtscp lm constant_tsc arch_perfmon nopl xtopology tsc_reliable nonstop_t
sc eagerfpu pni pclmulqdq vmx ssse3 fma cx16 pcid sse4_1 sse4_2 x2apic movbe popcnt tsc_deadline_timer aes
xsave avx f16c rdrand hypervisor lahf_lm abm 3dnowprefetch arat tpr_shadow vnmi ept vpid fsgsbase tsc_adjus
t bmi1 hle avx2 smep bmi2 invpcid rtm mpx rdseed adx smap clflushopt xsaveopt xsavec
bogomips        : 7199.99
clflush size    : 64
cache_alignment : 64
address sizes   : 43 bits physical, 48 bits virtual
```

图 2-1 查看 CPU 信息

```
[root@node1 ~]# lsmod |grep kvm
kvm_intel            170181  0
kvm                  554609  1 kvm_intel
irqbypass             13503  1 kvm
```

图 2-2 查看 KVM 模块

（1）在 CDROM 中挂载 RHEL7 的安装镜像，如图 2-3 所示。

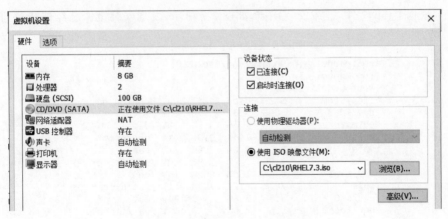

图 2-3 挂载 RHEL7 安装镜像

（2）查看安装镜像是否已经识别，如果识别，默认被挂载到/run/media/root/目录下，如图 2-4 所示。

（3）手工挂载镜像，将/dev/sr0 挂载至/mnt 目录，如图 2-5 所示。挂载镜像并且安装 vsftpd 软件包，此软件包就是提供 FTP 服务的。

```
[root@node1 ~]# lsblk
NAME    MAJ:MIN RM  SIZE RO TYPE MOUNTPOINT
sda       8:0    0  100G  0 disk
├─sda1    8:1    0    1G  0 part /boot
├─sda2    8:2    0  7.9G  0 part [SWAP]
└─sda3    8:3    0   80G  0 part /
sr0      11:0    1  3.5G  0 rom  /run/media/root/RHEL-7.3 Server.x86_64
```

图 2-4　查看光盘 sr0

```
[root@node1 ~]# mount /dev/sr0 /mnt
mount: /dev/sr0 is write-protected, mounting read-only
[root@node1 ~]#
[root@node1 ~]# rpm -ivh /mnt/Packages/vsftpd-3.0.2-21.el7.x86_64.rpm
warning: /mnt/Packages/vsftpd-3.0.2-21.el7.x86_64.rpm: Header V3 RSA/SHA256 Signature, key ID fd431d51: NOKEY
Preparing...                          ################################# [100%]
Updating / installing...
   1:vsftpd-3.0.2-21.el7              ################################# [100%]
```

图 2-5　手工挂载镜像并安装软件

（4）创建软件仓库的目录/var/ftp/dvd,并要求 RHEL7 的镜像永久挂载至此仓库目录,如图 2-6 所示。

```
[root@node1 ~]# mkdir /var/ftp/dvd
[root@node1 ~]#
[root@node1 ~]#
[root@node1 ~]# vim /etc/fstab
[root@node1 ~]#
[root@node1 ~]#
[root@node1 ~]# tail -1 /etc/fstab
/dev/sr0                              /var/ftp/dvd            iso9660   defaults,loop 0 0
[root@node1 ~]#
```

图 2-6　修改 fstab 文件

（5）根据 fstab 文件,挂载安装镜像,如图 2-7 所示,发现安装镜像已经被挂载到/var/ftp/dvd 目录了。

```
[root@node1 ~]# mount /var/ftp/dvd
[root@node1 ~]#
[root@node1 ~]# df -h
Filesystem       Size  Used Avail Use% Mounted on
/dev/sda3         80G  3.3G   77G   5% /
devtmpfs         3.9G     0  3.9G   0% /dev
tmpfs            3.9G  144K  3.9G   1% /dev/shm
tmpfs            3.9G  9.0M  3.9G   1% /run
tmpfs            3.9G     0  3.9G   0% /sys/fs/cgroup
/dev/sda1       1014M  153M  862M  16% /boot
tmpfs            797M   12K  797M   1% /run/user/0
/dev/sr0         3.6G  3.6G     0 100% /mnt
/dev/loop0       3.6G  3.6G     0 100% /var/ftp/dvd
```

图 2-7　挂载安装镜像

（6）启用 vsftpd 服务,如图 2-8 所示,这样此软件仓库下次开启也可以使用。

（7）创建软件仓库的配置文件 dvd.repo,使得可以通过此仓库安装软件,如图 2-9 所示。

```
[root@node1 ~]# systemctl restart vsftpd.service
[root@node1 ~]#
[root@node1 ~]# systemctl enable vsftpd.service
Created symlink from /etc/systemd/system/multi-user.target.wants/vsftpd.service to
```

图 2-8   启动并启用 vsftpd 服务

```
[root@node1 ~]# vim /etc/yum.repos.d/dvd.repo
[root@node1 ~]#
[root@node1 ~]# cat /etc/yum.repos.d/dvd.repo
[RHEL7]
name=all rhel7 packages
baseurl=ftp://192.168.100.145/dvd/
enabled=1
gpgcheck=0
```

图 2-9   创建软件仓库的配置文件

（8）安装 KVM，通常需要三个包：qemu-kvm 软件包，主要提供 KVM 模拟器；libvirt 包，提供相关的库文件；virt-manager 包，提供虚拟机管理器；图 2-10 是安装 KVM 的命令。

```
[root@node1 ~]# yum install qemu-kvm libvirt virt-manager -y
Loaded plugins: langpacks, product-id, search-disabled-repos, subscription-manager
This system is not registered to Red Hat Subscription Management. You can use subscription-manager to register.
Package 10:qemu-kvm-1.5.3-126.el7.x86_64 already installed and latest version
Resolving Dependencies
--> Running transaction check
---> Package libvirt.x86_64 0:2.0.0-10.el7 will be installed
--> Processing Dependency: libvirt-daemon-config-nwfilter = 2.0.0-10.el7 for package: libvirt-2.0.0-10.el7.x86_64
--> Processing Dependency: libvirt-daemon-driver-lxc = 2.0.0-10.el7 for package: libvirt-2.0.0-10.el7.x86_64
---> Package virt-manager.noarch 0:1.4.0-2.el7 will be installed
--> Processing Dependency: virt-manager-common = 1.4.0-2.el7 for package: virt-manager-1.4.0-2.el7.noarch
--> Running transaction check
---> Package libvirt-daemon-config-nwfilter.x86_64 0:2.0.0-10.el7 will be installed
---> Package libvirt-daemon-driver-lxc.x86_64 0:2.0.0-10.el7 will be installed
---> Package virt-manager-common.noarch 0:1.4.0-2.el7 will be installed
--> Processing Dependency: libvirt-python >= 0.7.0 for package: virt-manager-common-1.4.0-2.el7.noarch
--> Processing Dependency: python-ipaddr for package: virt-manager-common-1.4.0-2.el7.noarch
--> Running transaction check
---> Package libvirt-python.x86_64 0:2.0.0-2.el7 will be installed
---> Package python-ipaddr.noarch 0:2.1.9-5.el7 will be installed
--> Finished Dependency Resolution

Dependencies Resolved
```

图 2-10   安装 KVM

（9）KVM 安装好之后，就可以启动了，在终端输入 virt-manager，就可以通过图形界面对 KVM 进行管理，图 2-11 是虚拟机管理界面。

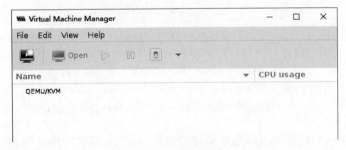

图 2-11   虚拟机管理界面

2.2 在 KVM 里面新建虚拟机

如果要在 KVM 里面安装操作系统,就必须要新建一个虚拟机,因此接下来讲解如何在 KVM 里面新建虚拟机。

(1)在虚拟机管理器中,右击 QEMU/KVM 选项,在弹出的快捷菜单中选择 New 命令,开始新建虚拟机的步骤,如图 2-12 所示。

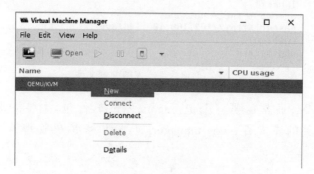

图 2-12 新建虚拟机

(2)如图 2-13 所示,新建虚拟机的向导之一,选择一种安装操作系统的方式,此处选择 Network Install,因为在前面已经搭建了一个 FTP 服务器的软件仓库。

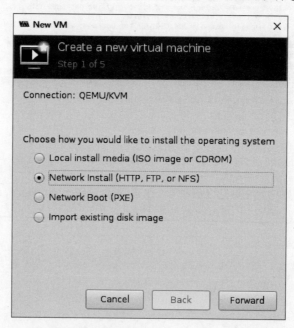

图 2-13 新建虚拟机向导之一——选择操作系统安装方式

(3)单击 Forward 按钮,将弹出新建虚拟机向导之二,提供操作系统相关的信息,一是要提供操作系统 URL,这里填写前面的 FTP 服务器的仓库地址 ftp://192.168.100.145/

dvd/，二是选择操作系统类型，这里是 Linux，版本是 Red Hat Enterprise Linux，如图 2-14
所示。

图 2-14 新建虚拟机向导之二——提供操作系统相关的信息

（4）单击 Forward 按钮，将弹出新建虚拟机向导之三，进行内存与 CPU 的设置，如
图 2-15 所示，此时就按默认的配置，内存为 1024MB，CPU 选择 1 个。

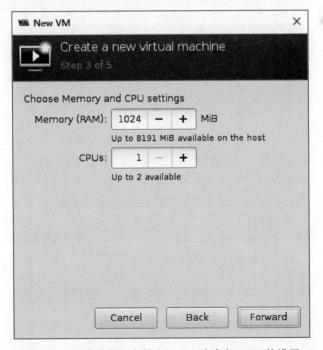

图 2-15 新建虚拟机向导之三——内存与 CPU 的设置

（5）单击 Forward 按钮，将弹出新建虚拟机向导之四，虚拟机存储的配置，如图 2-16 所示，创建一个 9GB 的磁盘镜像。

图 2-16　新建虚拟机向导之四——虚拟机存储的配置

（6）选择完存储配置之后，单击 Forward 按钮，将弹出新建虚拟机向导之五，如图 2-17 所示，给虚拟机取个名字，此处的 Name 为 vm01。

图 2-17　新建虚拟机向导之五——安装系统前的配置

（7）所有配置都完成以后，单击图 2-17 所示的 Finish 按钮，结束新建虚拟机的配置，虚拟机 vm01 就新建完成了，如图 2-18 所示。

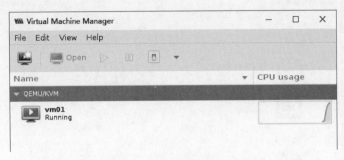

图 2-18　新建的虚拟机 vm01

2.3　在虚拟机里面安装 RHEL7

当虚拟机新建完成以后，开始安装虚拟机 vm01 里面的操作系统。如图 2-19 所示，是安装虚拟机 vm01 里面的操作系统界面，此时要求选择安装操作系统过程中使用的语言，默认为"简体中文（中国）"。

图 2-19　选择安装过程中使用的语言

接下来配置安装时相关的信息，在这里主要有两个方面需要注意，一是软件选择，选择"最小安装"，二是安装位置选择"自动分区"，其他按默认即可，如图 2-20 所示。具体的安装过程参考1.3节,在这里就不再介绍了。

图 2-20 安装信息摘要

安装完成后,启动虚拟机 vm01,登录后,查看其 IP 地址,如图 2-21 所示。

图 2-21 登录虚拟机 vm01

此时在宿主机上，也可以通过 SSH 远程登录到虚拟机 vm01 里面，如图 2-22 所示。

```
[root@node1 ~]# ssh root@192.168.122.118
The authenticity of host '192.168.122.118 (192.168.122.118)' can't be established.
ECDSA key fingerprint is 5f:65:d7:66:ad:70:30:06:c8:14:2c:88:f4:10:97:1e.
Are you sure you want to continue connecting (yes/no)? yes
Warning: Permanently added '192.168.122.118' (ECDSA) to the list of known hosts.
root@192.168.122.118's password:
Last login: Sat Feb 15 18:36:29 2020
[root@localhost ~]#
```

图 2-22　通过 SSH 远程登录到虚拟机

2.4　本章实验

2.4.1　实验目的

➢ 了解宿主机是否具有虚拟化的条件。

➢ 了解如何安装 KVM。

➢ 掌握在 KVM 里新建虚拟机。

➢ 掌握在虚拟机里安装客户操作系统 RHEL7。

2.4.2　实验环境

PC 一台，安装有 Windows 7/10 操作系统，并且在 Windows 7/10 操作系统上已经安装了 VMware Workstation，在 VMware Workstation 上新建三台虚拟机 node1、node2 与 storage，并且在三台虚拟机上已经安装了 RHEL7。

2.4.3　实验拓扑

实验拓扑图如图 2-23 所示。

RHEL7	RHEL7	
vm01	vm01	
RHEL7（KVM）	RHEL7（KVM）	RHEL7
node1	node2	storage
VMware Workstation		
Windows 10		
Hardware		

图 2-23　实验拓扑图

2.4.4　实验内容

如图 2-23 所示，在 1.5.4 节实验的基础上安装 KVM，在 KVM 里新建虚拟机 vm01，并且在 vm01 里安装操作系统 RHEL7。此操作在 node1 与 node2 上都要做。

想一想：

图 2-23 中，有两个 node，每个 node 上都安装了两个 RHEL7，请问哪一个是宿主机操作系统？哪一个是客户机操作系统？

第 3 章

对KVM虚拟机进行基本管理

当虚拟机安装完成之后,就要对虚拟机进行管理,管理 KVM 虚拟机有两种方法,一种是图形管理工具 virt-manager,另一种就是命令行工具 virsh 命令,它们都是通过调用 libvirt API 来实现虚拟化管理。本章将具体讲解对虚拟机的基本管理,包括启动、关闭、暂停虚拟机,以及对虚拟机的网卡、硬盘、CPU、内存等进行管理。

▶ 学习目标:
• 掌握使用 virsh 命令来对虚拟机进行基本管理。
• 掌握虚拟机的一些进阶管理。

3.1　使用 virsh 对虚拟机进行基本的管理

virsh 命令提供了两种模式,一种是交互式,一种是非交互式。交互模式是在命令行提示符下输入 virsh 命令,按 Enter 键后就可以在交互模式下进行操作,另一种是没有交互的,直接在 Linux 提示符下进行操作,本书基本上采用的是非交互式。下面主要讲解对虚拟机进行基本管理的命令。

(1) 查看虚拟机。如图 3-1 所示,virsh list 只能显示运行的虚拟机,要查看所有虚拟机就需加一个--all 选项。

```
[root@node1 ~]# virsh list
 Id    Name                           State
----------------------------------------------------

[root@node1 ~]#
[root@node1 ~]# virsh list --all
 Id    Name                           State
----------------------------------------------------
 -     vm01                           shut off

[root@node1 ~]#
```

图 3-1　查看虚拟机

（2）启动虚拟机。如图 3-2 所示，start 命令用于启动虚拟机，后面接虚拟机的名字。

```
[root@node1 ~]# virsh start vm01
Domain vm01 started

[root@node1 ~]#
[root@node1 ~]# virsh list
 Id    Name                           State
--------------------------------------------------
 3     vm01                           running

[root@node1 ~]#
```

图 3-2　启动虚拟机

（3）关闭虚拟机。如图 3-3 所示，shutdown 命令后面加上虚拟机的名字是一种正常关闭操作系统的方法。

```
[root@node1 ~]# virsh shutdown vm01
Domain vm01 is being shutdown

[root@node1 ~]#
[root@node1 ~]# virsh list
 Id    Name                           State
--------------------------------------------------

[root@node1 ~]#
```

图 3-3　关闭虚拟机

（4）关闭虚拟机。如图 3-4 所示，destroy 命令则是直接拔掉虚拟机电源进行关闭。

```
[root@node1 ~]# virsh destroy vm01
Domain vm01 destroyed

[root@node1 ~]#
[root@node1 ~]# virsh list
 Id    Name                           State
--------------------------------------------------

[root@node1 ~]#
```

图 3-4　强制关闭虚拟机

（5）挂起虚拟机。如图 3-5 所示，使用 suspend 命令后面加上虚拟机的名字，挂起（也是暂停）虚拟机。

```
[root@node1 ~]# virsh list
 Id    Name                           State
--------------------------------------------------
 5     vm01                           running

[root@node1 ~]# virsh suspend vm01
Domain vm01 suspended

[root@node1 ~]# virsh list
 Id    Name                           State
--------------------------------------------------
 5     vm01                           paused

[root@node1 ~]#
```

图 3-5　挂起虚拟机

(6) 恢复虚拟机。如图 3-6 所示,resume 命令后面加上虚拟机的名字,恢复挂起的状态,也是唤醒虚拟机。

```
[root@node1 ~]# virsh resume vm01
Domain vm01 resumed

[root@node1 ~]# virsh list
 Id    Name                           State
----------------------------------------------------
 5     vm01                           running

[root@node1 ~]#
```

图 3-6 恢复虚拟机

(7) 设置自启动虚拟机。如图 3-7 所示,autostart 命令后面加上要自启动的虚拟机的名字,此时虚拟机随物理机启动而启动。

```
[root@node1 ~]# virsh autostart vm01-clone
Domain vm01-clone marked as autostarted

[root@node1 ~]#
```

图 3-7 自启动虚拟机

(8) 查看虚拟机的信息。如图 3-8 所示,dominfo 命令后面加上虚拟机的名字,就可以查看此虚拟机的相关信息,如 CPU 的名字、UUID、状态、CPU 个数、内存、是否自启动等信息。

```
[root@node1 ~]# virsh dominfo vm01
Id:             12
Name:           vm01
UUID:           8a8952da-c9bb-4d1b-a916-5e8bec53a17c
OS Type:        hvm
State:          running
CPU(s):         1
CPU time:       240.6s
Max memory:     1024000 KiB
Used memory:    1024000 KiB
Persistent:     yes
Autostart:      disable
Managed save:   no
Security model: selinux
Security DOI:   0
Security label: system_u:system_r:svirt_t:s0:c664,c756 (permissive)
```

图 3-8 查看 CPU 相关信息

(9) 删除虚拟机。如图 3-9 所示,undefine 命令后面接虚拟机的名字,此时虚拟机在虚拟机管理器里面查不到了。

```
[root@node1 ~]# virsh undefine vm01
Domain vm01 has been undefined

[root@node1 ~]#
```

图 3-9 删除虚拟机

（10）删除虚拟机，并删除磁盘镜像文件。如图 3-10 所示，在图 3-9 的基础上，加上 --storage 选项，将删除虚拟的磁盘镜像文件。

```
[root@node1 ~]# virsh undefine vm10 --storage /var/lib/libvirt/images/vm10.qcow2
Domain vm10 has been undefined
Volume 'vda'(/var/lib/libvirt/images/vm10.qcow2) removed.

[root@node1 ~]#
```

图 3-10　删除虚拟机并删除磁盘镜像文件

（11）删除虚拟机，并删除所有磁盘文件。如图 3-11 所示，在图 3-9 的基础上加上 --remove-all-storage 选项，将删除虚拟机的同时，删除虚拟机的所有磁盘文件。

```
[root@node1 ~]# virsh undefine vm02 --remove-all-storage
Domain vm02 has been undefined
Volume 'vda'(/var/lib/libvirt/images/vm02.qcow2) removed.

[root@node1 ~]#
```

图 3-11　删除虚拟机并删除所有磁盘文件

（12）禁止虚拟机的自启动。如图 3-12 所示，在自启动配置的基础上加上 --disable 选项，此虚拟机随着主机启动，不启动此虚拟机。

```
[root@node1 ~]# virsh autostart vm01-clone --disable
Domain vm01-clone unmarked as autostarted

[root@node1 ~]#
```

图 3-12　禁止虚拟机的自启动

（13）显示虚拟机当前的配置文件。如图 3-13 所示，在 dumpxml 命令后加上虚拟机的名字，将显示此虚拟机的配置文件。

```
[root@node1 ~]# virsh dumpxml vm01-clone
<domain type='kvm'>
  <name>vm01-clone</name>
  <uuid>f56bbb73-1eef-445e-b7e1-6083e65c1bd0</uuid>
  <memory unit='KiB'>1048576</memory>
  <currentMemory unit='KiB'>1048576</currentMemory>
  <vcpu placement='static'>1</vcpu>
  <os>
    <type arch='x86_64' machine='pc-i440fx-rhel7.0.0'>hvm</type>
    <boot dev='hd'/>
  </os>
```

图 3-13　显示虚拟机的配置文件

3.2　对虚拟机进行进阶管理

3.2.1　给虚拟机添加网卡

通过 virsh 命令也同样可以给虚拟机添加网卡，其步骤如下：

（1）在虚拟机里面查看当前虚拟机的 IP 地址，发现只有一块网卡 eth0，如图 3-14 所示。

```
[root@localhost ~]# ip addr
1: lo: <LOOPBACK,UP,LOWER_UP> mtu 65536 qdisc noqueue state UNKNOWN qlen 1
    link/loopback 00:00:00:00:00:00 brd 00:00:00:00:00:00
    inet 127.0.0.1/8 scope host lo
       valid_lft forever preferred_lft forever
    inet6 ::1/128 scope host
       valid_lft forever preferred_lft forever
2: eth0: <BROADCAST,MULTICAST,UP,LOWER_UP> mtu 1500 qdisc pfifo_fast state UP qlen 1000
    link/ether 52:54:00:35:c6:51 brd ff:ff:ff:ff:ff:ff
    inet 192.168.122.118/24 brd 192.168.122.255 scope global dynamic eth0
       valid_lft 3583sec preferred_lft 3583sec
    inet6 fe80::5054:ff:fe35:c651/64 scope link
       valid_lft forever preferred_lft forever
[root@localhost ~]#
```

图 3-14　查看虚拟机的网卡

（2）在宿主机上查看网卡信息，如图 3-15 所示，domiflist 后面接上虚拟机的名字，发现也只有一块网卡 vnet0。

```
[root@node1 ~]# virsh domiflist vm01
Interface  Type      Source    Model      MAC
-------------------------------------------------------------
vnet0      network   default   virtio     52:54:00:35:c6:51

[root@node1 ~]#
```

图 3-15　查看虚拟机 vm01 的网卡

（3）使用 virsh 命令添加一块网卡，如图 3-16 所示，attach-interface 后面接上虚拟机的名字，network 是网络类型，default 是此虚拟机的网络源，default 网络默认是 NAT 连网方式，--persistent 选项则是永久的意思，也就是意味着重启虚拟机后此网卡还会生效。

```
[root@node1 ~]# virsh attach-interface vm01 network default --persistent
Interface attached successfully

[root@node1 ~]#
[root@node1 ~]# virsh domiflist vm01
Interface  Type      Source    Model      MAC
-------------------------------------------------------------
vnet0      network   default   virtio     52:54:00:35:c6:51
vnet2      network   default   rtl8139    52:54:00:5f:ab:81

[root@node1 ~]#
```

图 3-16　给虚拟机 vm01 添加网卡

（4）在虚拟机里查看网卡，如图 3-17 所示，发现此时多了一块网卡 ens10。

3.2.2　给 vm01 添加磁盘

当虚拟机的存储容量不够时，就可以通过下面的方法来进行添加磁盘，具体操作步骤如下：

（1）在宿主机上查看虚拟机的磁盘信息，如图 3-18 所示，发现虚拟机 vm01 只有一块磁盘 vda，磁盘对应的文件是 vm01.qcow2。

```
[root@localhost ~]# ip addr
1: lo: <LOOPBACK,UP,LOWER_UP> mtu 65536 qdisc noqueue state UNKNOWN qlen 1
    link/loopback 00:00:00:00:00:00 brd 00:00:00:00:00:00
    inet 127.0.0.1/8 scope host lo
       valid_lft forever preferred_lft forever
    inet6 ::1/128 scope host
       valid_lft forever preferred_lft forever
2: eth0: <BROADCAST,MULTICAST,UP,LOWER_UP> mtu 1500 qdisc pfifo_fast state UP qlen 1000
    link/ether 52:54:00:35:c6:51 brd ff:ff:ff:ff:ff:ff
    inet 192.168.122.118/24 brd 192.168.122.255 scope global dynamic eth0
       valid_lft 3364sec preferred_lft 3364sec
    inet6 fe80::5054:ff:fe35:c651/64 scope link
       valid_lft forever preferred_lft forever
3: ens10: <BROADCAST,MULTICAST,UP,LOWER_UP> mtu 1500 qdisc pfifo_fast state UP qlen 1000
    link/ether 52:54:00:5f:ab:81 brd ff:ff:ff:ff:ff:ff
```

图 3-17 查看网卡

```
[root@node1 ~]# virsh domblklist vm01
Target     Source
-------------------------------------------------
vda        /var/lib/libvirt/images/vm01.qcow2

[root@node1 ~]#
```

图 3-18 查看虚拟机磁盘情况

（2）通过 dd 命令生成大小为 500MB 的文件来作为虚拟机的磁盘文件，也可以通过 qemu-img 命令来生成磁盘文件，如图 3-19 所示，并使用 attach-disk 命令将新生成的磁盘添加到虚拟机 vm01 中，作为虚拟机的 vdb，vd 为 virtual disk，b 代表第二块磁盘。

```
[root@node1 ~]# dd if=/dev/zero of=/var/lib/libvirt/images/vm01_1.img bs=1M count=500
500+0 records in
500+0 records out
524288000 bytes (524 MB) copied, 10.28 s, 51.0 MB/s
[root@node1 ~]#
[root@node1 ~]# virsh attach-disk vm01 /var/lib/libvirt/images/vm01_1.img vdb
Disk attached successfully

[root@node1 ~]# virsh domblklist vm01
Target     Source
-------------------------------------------------
vda        /var/lib/libvirt/images/vm01.qcow2
vdb        /var/lib/libvirt/images/vm01_1.img

[root@node1 ~]#
```

图 3-19 给虚拟机 vm01 添加新的磁盘

（3）在虚拟机里也可以通过 lsblk 命令查看新的磁盘，如图 3-20 所示。

```
[root@localhost ~]# lsblk
NAME          MAJ:MIN RM  SIZE RO TYPE MOUNTPOINT
vda           252:0    0    9G  0 disk
├─vda1        252:1    0    1G  0 part /boot
└─vda2        252:2    0    8G  0 part
  ├─rhel-root 253:0    0  7.1G  0 lvm  /
  └─rhel-swap 253:1    0  924M  0 lvm  [SWAP]
vdb           252:16   0  500M  0 disk
[root@localhost ~]#
```

图 3-20 查看磁盘

3.2.3 修改 CPU 与内存

调整 CPU 与内存的大小有三种方法，包括配置文件、图形、命令的方式，下面具体来进行介绍。

方法一：通过修改配置文件的方式来调整 CPU 与内存的大小，具体步骤如下：

(1) 使用 lscpu 命令查看 CPU，如图 3-21 所示，发现当前只有一个 CPU。

```
[root@localhost ~]# lscpu
Architecture:          x86_64
CPU op-mode(s):        32-bit, 64-bit
Byte Order:            Little Endian
CPU(s):                1
On-line CPU(s) list:   0
Thread(s) per core:    1
Core(s) per socket:    1
Socket(s):             1
NUMA node(s):          1
Vendor ID:             GenuineIntel
CPU family:            6
Model:                 61
Model name:            Intel Core Processor (Broadwell)
Stepping:              2
CPU MHz:               3599.998
BogoMIPS:              7199.99
Hypervisor vendor:     KVM
Virtualization type:   full
L1d cache:             32K
L1i cache:             32K
L2 cache:              4096K
NUMA node0 CPU(s):     0
```

图 3-21 查看 CPU 的个数

(2) 通过 free 命令查看内存的大小，如图 3-22 所示，发现内存为 992MB。

```
[root@localhost ~]# free -m
              total        used        free      shared  buff/cache   available
Mem:            992         102         746           6         143         733
Swap:           923           0         923
[root@localhost ~]#
```

图 3-22 查看内存大小

(3) 通过 virsh edit 命令修改配置文件，调整 CPU 与内存大小，如图 3-23 所示。

```
[root@node1 ~]# virsh edit vm01
Domain vm01 XML configuration edited.

[root@node1 ~]#
```

图 3-23 修改虚拟机的配置文件

(4) 通过图 3-23 的命令打开虚拟机的配置文件后，修改内存与 CPU 的大小，如图 3-24 所示，将内存修改为 2048MB，将 CPU 修改为 2 个，此时需要注意的是 CPU 与内存的大小是不能超过宿主机的。

(5) 重启虚拟机，让其生效，如图 3-25 所示，但是需要注意的是一定要先关机，再启

```
<name>vm01</name>
<uuid>8a8952da-c9bb-4d1b-a916-5e8bec53a17c</uuid>
<memory unit='KiB'>2048576</memory>
<currentMemory unit='KiB'>2048576</currentMemory>
<vcpu placement='static'>2</vcpu>
```

图 3-24　修改 CPU 与内存的大小

动才会生效,直接重启是不会生效的。

```
[root@node1 ~]# virsh shutdown vm01
Domain vm01 is being shutdown

[root@node1 ~]# virsh start vm01
Domain vm01 started

[root@node1 ~]#
```

图 3-25　重启虚拟机 vm01

(6) 重启后查看 CPU 与内存,如图 3-26 所示,发现 CPU 现在是 2 个,内存为
1953MB(有点误差,是正常范围可接受的)。

```
[root@localhost ~]# lscpu |grep '^CPU(s)'
CPU(s):              2
[root@localhost ~]#
[root@localhost ~]# free -m
              total        used        free      shared  buff/cache   available
Mem:           1953         107        1709           8         136        1687
Swap:           923           0         923
[root@localhost ~]#
```

图 3-26　查看 CPU 与内存的大小

方法二:通过图形的方式来调整 CPU 与内存的大小,具体步骤如下:

(1) 打开虚拟机 vm01 图形界面中的详情页,如图 3-27 所示,选中 CPUs 面板,可以
查看当前 CPU 与最大 CPU 的配置,也可以修改其值来调整 CPU 的个数。

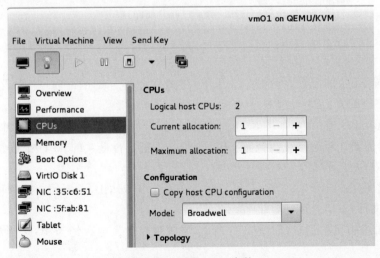

图 3-27　调整 CPU 参数

(2) 选择详情页的 Memory 面板,如图 3-28 所示,也可以调整当前分配内存大小与最大分配内存的大小。

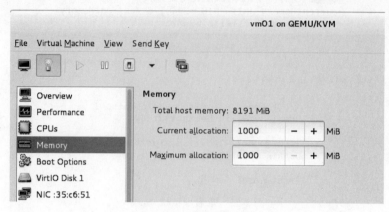

图 3-28　调整内存参数

方法三:通过命令的方式来调整 CPU 与内存的大小,具体步骤如下:

(1) 调整 CPU 大小,如图 3-29 所示,查看到只有一个 CPU。

```
[root@node1 ~]# virsh dominfo vm01-clone
Id:             -
Name:           vm01-clone
UUID:           f56bbb73-1eef-445e-b7e1-6083e65c1bd0
OS Type:        hvm
State:          shut off
CPU(s):         1
Max memory:     1048576 KiB
Used memory:    1048576 KiB
Persistent:     yes
Autostart:      disable
Managed save:   no
Security model: selinux
Security DOI:   0

[root@node1 ~]#
[root@node1 ~]# virsh start vm01-clone
Domain vm01-clone started
```

图 3-29　查看 CPU 个数

(2) 设置 CPU 的个数,如图 3-30 所示,将最大允许分配的 CPU 个数设置为 2 个,--config 是修改配置文件,也就意味着重启还会生效。

(3) 调整 CPU 的个数,如图 3-31 所示,给虚拟机的 CPU 在线调整至 2 个,也就意味着立即生效,需要注意的是在线调整 CPU 个数是不能超过最大的 CPU 个数。减少 CPU 必须重启生效,并且不能在线减少 CPU。

(4) 设置内存,如图 3-32 所示,设置最大内存为 4096MB,-- config 选项同样意味着将写入配置文件,重启之后还将生效。

(5) 查看虚拟机的信息,如图 3-33 所示,发现现在最大内存约为 4GB,当前内存还是约为 1GB。

```
[root@node1 ~]# virsh setvcpus vm01-clone 2 --maximum --config

[root@node1 ~]#
[root@node1 ~]# virsh dominfo vm01-clone
Id:            13
Name:          vm01-clone
UUID:          f56bbb73-1eef-445e-b7e1-6083e65c1bd0
OS Type:       hvm
State:         running
CPU(s):        1
CPU time:      67.0s
Max memory:    1048576 KiB
Used memory:   1048576 KiB
Persistent:    yes
Autostart:     disable
Managed save:  no
Security model: selinux
Security DOI:  0
Security label: system_u:system_r:svirt_t:s0:c494,c867 (permissive)

[root@node1 ~]#
```

图 3-30　设置允许分配的 CPU 的个数

```
[root@node1 ~]# virsh setvcpus vm01-clone 2 --live

[root@node1 ~]#
[root@node1 ~]# virsh dominfo vm01-clone
Id:            14
Name:          vm01-clone
UUID:          f56bbb73-1eef-445e-b7e1-6083e65c1bd0
OS Type:       hvm
State:         running
CPU(s):        2
CPU time:      62.0s
Max memory:    1048576 KiB
Used memory:   1048576 KiB
Persistent:    yes
Autostart:     disable
Managed save:  no
Security model: selinux
Security DOI:  0
Security label: system_u:system_r:svirt_t:s0:c734,c971 (permissive)
```

图 3-31　调整 CPU 的个数

```
[root@node1 ~]# virsh setmaxmem vm01-clone 4096M --config

[root@node1 ~]#
```

图 3-32　调整最大允许分配给虚拟机的内存大小

　　（6）调整当前内存的大小，如图 3-34 所示，将当前内存调整到 2048MB，其中
--current 选项意味着当前的意思，调整后，通过 dominfo 进行查看，发现当前内存已调整
到 2GB 了。

```
[root@node1 ~]# virsh dominfo vm01-clone
Id:             15
Name:           vm01-clone
UUID:           f56bbb73-1eef-445e-b7e1-6083e65c1bd0
OS Type:        hvm
State:          running
CPU(s):         1
CPU time:       69.8s
Max memory:     4194304 KiB
Used memory:    1048576 KiB
Persistent:     yes
Autostart:      disable
Managed save:   no
Security model: selinux
Security DOI:   0
Security label: system_u:system_r:svirt_t:s0:c7,c299 (permissive)
```

图 3-33　查看内存的大小

```
[root@node1 ~]# virsh setmem vm01-clone 2048M --current

[root@node1 ~]#
[root@node1 ~]# virsh dominfo vm01-clone
Id:             15
Name:           vm01-clone
UUID:           f56bbb73-1eef-445e-b7e1-6083e65c1bd0
OS Type:        hvm
State:          running
CPU(s):         1
CPU time:       81.5s
Max memory:     4194304 KiB
Used memory:    2097152 KiB
Persistent:     yes
Autostart:      disable
Managed save:   no .
Security model: selinux
Security DOI:   0
Security label: system_u:system_r:svirt_t:s0:c7,c299 (permissive)
```

图 3-34　调整当前内存大小

3.3　本章实验

3.3.1　实验目的

➢ 掌握使用 virsh 命令来对 KVM 虚拟机进行基本管理。
➢ 掌握 KVM 虚拟机的一些进阶管理,包括磁盘、网络、CPU 与内存等。

3.3.2　实验环境

在安装好 KVM 的宿主机 node1 上去管理虚拟机 VM01。

3.3.3　实验拓扑

实验拓扑图如图 3-35 所示。

GuestOS(RHEL7)	GuestOS(RHEL7)	
vm01	vm01	
RHEL7(KVM)	RHEL7(KVM)	RHEL7
node1	node2	storage
VMware Workstation		
Windows 10		
Hardware		

图 3-35　实验拓扑图

3.3.4　实验内容

如图 3-35 所示,在安装好 KVM 的宿主机 node1 上去管理虚拟机 VM01。一是使用 virsh 命令对虚拟机 VM01 执行基本操作,包括查看虚拟机、开机、关机、暂停、唤醒、删除等。二是使用 virsh 命令对虚拟机 VM01 执行进阶操作,包括添加一块磁盘、一块网卡,以及调整 VM01 的 CPU 与内存大小。

说一说:

在调整 CPU 的三种方法中,你认为哪一种方法最好用? 为什么?

第 **4** 章

虚拟机的克隆

当需要批量部署虚拟机的时候,就可以选择克隆虚拟机的方式来进行。在克隆虚拟机的时候,先要了解虚拟机克隆后,新生成的虚拟机与原有的虚拟机相比有哪些变化,这些变化主要集中在虚拟机的名字、虚拟机的 UUID、虚拟机的 IP 地址、虚拟机的 MAC 地址等,克隆虚拟机有三种方法,本章就是围绕这三种方法来进行讲解。

▶ **学习目标:**
- 掌握使用图形界面克隆虚拟机。
- 掌握使用 virt-clone 命令克隆虚拟机。
- 掌握通过虚拟机的配置文件克隆虚拟机。

4.1　使用图形界面克隆虚拟机

通过图形界面克隆虚拟机是最直观的,下面讲解具体的操作步骤:

(1) 选择要克隆的虚拟机,如图 4-1 所示,在选中的虚拟机 vm01 上右击,选择 Clone 命令。

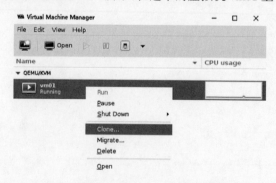

图 4-1　选择 Clone 命令

（2）选择 Clone 命令后，弹出如图 4-2 所示的对话框，发现 Clone 按钮是灰色的，说明此时是不能进行克隆的，原因在对话框中也显示了，如果要克隆，必须关闭或暂停虚拟机。

图 4-2　克隆虚拟界面

（3）图 4-3 所示的对话框，就是在关闭虚拟机 vm01 之后，再次操作的克隆界面，发现此时的 Clone 按钮不是灰色的，说明是可以操作的。需要说明的是图 4-3 中的三项信息：一是需要输入克隆之后的虚拟机的名字，此处为 vm01-clone；二是会生成一个新的网卡MAC；三是克隆之后会生成一个新的存储。

图 4-3　克隆虚拟机界面

（4）执行 Clone 命令，生成一个名为 vm01-clone 的新虚拟机，如图 4-4 所示。

（5）通过 virsh 命令启动新的虚拟机 vm01-clone，发现是正常的，如图 4-5 所示。

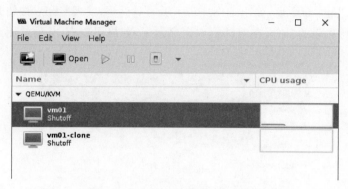

图 4-4　生成新的虚拟机 vm01-clone

图 4-5　启动新的虚拟机

4.2　使用 virt-clone 工具克隆虚拟机

第二种克隆虚拟机的方法是采用 virt-clone 工具来实现,下面讲解其具体的操作步骤:

(1) 因为 virt-clone 工具是依赖软件包 virt-install 的,因此先要安装软件包,如图 4-6 所示。

(2) 有了 virt-clone 工具后,就可以执行 virt-clone 命令实现克隆了,如图 4-7 所示,virt-clone 命令中,有三个选项,-o 为克隆前虚拟机的名字,-n 为克隆后新的虚拟机的名字,-f 指明克隆后生成新的虚拟机的镜像文件。克隆完成后,就可以使用 virsh 命令进行相关的查看与启动,发现新克隆的虚拟机 vm10 是正常的。

```
[root@node1 ~]# yum provides */virt-clone
Loaded plugins: langpacks, product-id, search-disabled-repos, subscription-manager
This system is not registered to Red Hat Subscription Management. You can use subscription-manager to regis
ter.
RHEL7/filelists_db                                                        | 3.3 MB  00:00:00
virt-install-1.4.0-2.el7.noarch : Utilities for installing virtual machines
Repo        : RHEL7
Matched from:
Filename    : /usr/bin/virt-clone
Filename    : /usr/share/virt-manager/virt-clone


[root@node1 ~]# yum install virt-install -y
```

图 4-6 安装相关的软件包

```
[root@node1 ~]# virt-clone -o vm01 -n vm10 -f /var/lib/libvirt/images/vm10.qcow2
Allocating 'vm10.qcow2'                                                   | 9.0 GB  00:00:05

Clone 'vm10' created successfully.
[root@node1 ~]#
[root@node1 ~]# virsh list --all
 Id    Name                          State
----------------------------------------------------
 7     vm01-clone                    running
 -     vm01                          shut off
 -     vm10                          shut off

[root@node1 ~]#
[root@node1 ~]# virsh start vm10
Domain vm10 started
```

图 4-7 执行 virt-clone 命令

4.3 使用虚拟机的配置文件克隆虚拟机

克隆虚拟机的第三种方法便是修改虚拟机的配置文件,下面讲解其具体的操作步骤:

(1)因为每一个虚拟机都有一个 UUID 号码,因此可以使用 uuidgen 命令为克隆后的新的虚拟机准备一个 UUID 号码,如图 4-8 所示。

(2)生成新的虚拟机的配置文件,如图 4-9 所示,进入虚拟机配置文件目录/etc/libvirt/qemu,通过 copy 命令复制虚拟机 vm01 的配置文件来生成新的配置文件 vm02.xml,然后再通过 vim 编辑器对新的配置文件进行修改。

```
[root@node1 ~]# uuidgen
5eb4c1d3-c4e8-4ad9-98bf-b2d8cf6b8edf
[root@node1 ~]#
```

```
[root@node1 ~]# cd /etc/libvirt/qemu/
[root@node1 qemu]# cp vm01.xml vm02.xml
[root@node1 qemu]# vim vm02.xml
```

图 4-8 生成一个 UUID   图 4-9 生成新的虚拟机的配置文件

(3)将虚拟机的名字改为 vm02,同时修改其 UUID 号码,如图 4-10 所示。

```
9    <name>vm02</name>
10    <uuid>5eb4c1d3-c4e8-4ad9-98bf-b2d8cf6b8edf</uuid>
```

图 4-10 修改虚拟机的名字与 UUID

(4)修改虚拟机镜像文件名字,如图 4-11 所示,新的虚拟机的镜像文件为/var/lib/libvirt/images/vm02.qcow2。

```
39    <disk type='file' device='disk'>
40      <driver name='qemu' type='qcow2'/>
41      <source file='/var/lib/libvirt/images/vm02.qcow2'/>
42      <target dev='vda' bus='virtio'/>
43      <address type='pci' domain='0x0000' bus='0x00' slot='0x07' function='0x0'/>
44    </disk>
```

图 4-11　修改虚拟机镜像文件名字

（5）旧虚拟机与新生成的虚拟机的 MAC 地址如果相同,交换机就没办法处理两台虚拟机的通信了,因此要修改虚拟机的 MAC 地址,如图 4-12 所示。

```
64    <interface type='network'>
65      <mac address='52:54:00:35:c6:52'/>
66      <source network='default'/>
67      <model type='virtio'/>
68      <address type='pci' domain='0x0000' bus='0x00' slot='0x03' function='0x0'/>
69    </interface>
```

图 4-12　修改虚拟机的 MAC 地址

（6）生成新虚拟机的镜像文件,通过 cp 命令,复制旧虚拟机 vm01 的镜像文件,生成新的虚拟机的镜像文件,如图 4-13 所示。

```
[root@node1 ~]# cd /var/lib/libvirt/images/
[root@node1 images]# cp vm01.qcow2 vm02.qcow2
[root@node1 images]#
```

图 4-13　生成新虚拟机的镜像文件

（7）此时,需要通过 virsh define 命令定义一台新的虚拟机,如图 4-14 所示,通过 virsh list 与 virsh start 命令,发现新生成的虚拟机 vm02 是正常的。

```
[root@node1 ~]# virsh define /etc/libvirt/qemu/vm02.xml
Domain vm02 defined from /etc/libvirt/qemu/vm02.xml

[root@node1 ~]#
[root@node1 ~]# virsh list --all
 Id    Name                           State
----------------------------------------------------
 7     vm01-clone                     running
 8     vm10                           running
 -     vm01                           shut off
 -     vm02                           shut off

[root@node1 ~]# virsh start vm02
Domain vm02 started

[root@node1 ~]#
```

图 4-14　定义新的虚拟机 vm02

4.4　本章实验

4.4.1　实验目的

➤ 掌握使用图形界面的方式来克隆虚拟机。

➤ 掌握使用 virt-clone 的方式来克隆虚拟机。
➤ 掌握使用修改配置文件的方式来克隆虚拟机。

4.4.2 实验环境

在安装 KVM 的宿主机 node1 上安装虚拟机 vm01。

4.4.3 实验拓扑

实验拓扑图如图 4-5 所示。

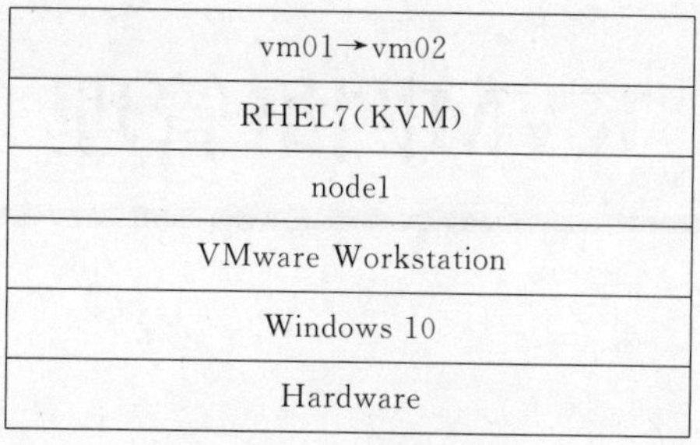

vm01→vm02
RHEL7(KVM)
node1
VMware Workstation
Windows 10
Hardware

图 4-15 实验拓扑图

4.4.4 实验内容

如图 4-15 所示,对安装 KVM 的宿主机 node1 的虚拟机 vm01 进行克隆。一是使用图形界面的方式来克隆虚拟机 vm01,克隆之后的虚拟机名字为 vm02;二是使用 virt-clone 的方式来克隆虚拟机 vm01,克隆之后的虚拟机名字为 vm02,在克隆之前,删除之前克隆的虚拟机 vm02;三是使用修改配置文件的方式来克隆虚拟机 vm01,克隆之后的虚拟机名字为 vm02,在克隆之前,删除之前克隆的虚拟机 vm02。

说一说:
在克隆虚拟机的三种方法中,你认为哪一种方法最好用? 为什么?

想一想:
在克隆虚拟机的时候,克隆之后的虚拟机与之前的旧虚拟机比较发生了哪些变化、比如 MAC 地址,还有呢?

第 **5** 章

KVM网络管理

虚拟机是需要连网的,否则就失去了意义。虚拟机连网有很多方法,常见的有 NAT 方式和桥接方式两种,每一种的意义又不一样,因此,本章重点介绍这两种方式的原理以及相应的配置。

▶▶ **学习目标:**
- 掌握通过 NAT 方式与外界通信。
- 掌握通过桥接方式与外界通信。

5.1　NAT 网络

5.1.1　NAT 网络的原理

NAT 即为网络地址转换,在网络里主要是解决内网访问外网的通信问题的,通常设置了 NAT 之后,内网可以访问外网,但是外网无法访问内网。如图 5-1 所示,虚拟机连接在宿主机上,进行 NAT 转换之后,才能访问物理网络,而物理网络是不能访问虚拟机的。

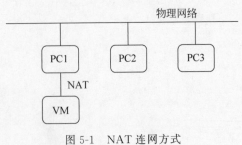

图 5-1　NAT 连网方式

KVM 默认的连网方式是 NAT。当安装好 KVM 虚拟机后,就会在宿主机上安装一个网桥 virbr0,如图 5-2 所示,此网桥会把虚拟机都连接起来,处在同一个网段,并且 KVM 会修改 iptables 规则,让连接到此网桥的虚拟机访问外网时做一个网络地址转换。

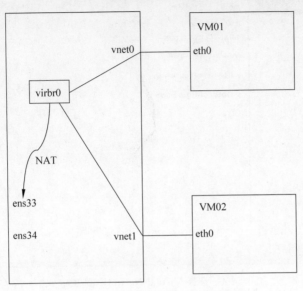

图 5-2　NAT 连网的宿主机内部结构

5.1.2　NAT 网络的图形配置方法

NAT 网络的配置有两种方法,一是通过图形的方式来进行配置。二是通过配置文件的方式来进行配置。图形配置方法直观,下面介绍一下其具体的操作步骤:

(1) 打开配置网络的界面,如图 5-3 所示,选择虚拟机管理器 Edit 菜单下的 Connection Details 选项,将弹出如图 5-4 所示的对话框,选择里面的 Virtual Networks 选项卡来对虚拟网络进行配置。

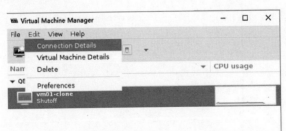

图 5-3　选择 Connection Details 选项

(2) 在 Virtual Networks 选项卡中,先删除 KVM 自己创建的 NAT 网络 default,结果如图 5-5 所示,然后再创建自己的网络。

(3) 在图 5-5 中,单击左下角的"＋"按钮,新建一个虚拟网络,如图 5-6 所示,在 Network Name 的文本框中输入 WYLNAT。

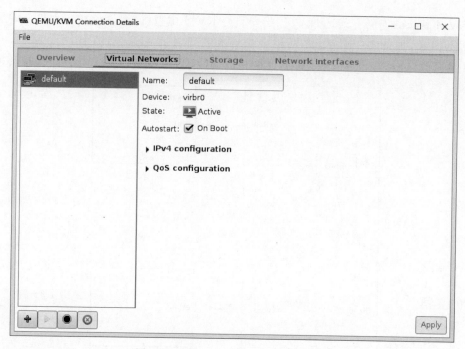

图 5-4　选择 Virtual Networks 选项卡

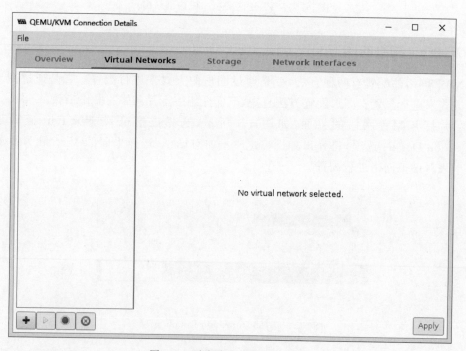

图 5-5　删除默认的网络 default

（4）在图 5-6 中，单击 Forward 按钮，将弹出如图 5-7 所示的对话框，在图中输入虚拟
网络的网段地址 192.168.200.0/24，并且启动 DHCP，指定 DHCP 地址池的范围，单击
Forward 按钮，弹出如图 5-8 所示的对话框，不启用 IPv6 的网络。

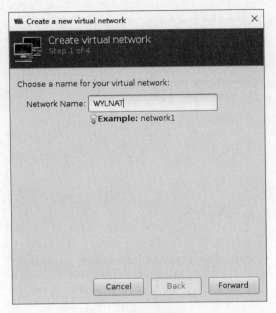

图 5-6　输入网络名字

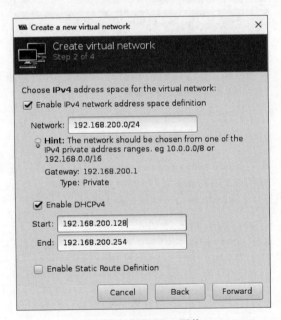

图 5-7　配置 IPv4 网络

（5）在图 5-8 中，单击 Forward 按钮，弹出如图 5-9 所示的对话框，选择 Forwarding to physical network，目标网卡为 ens33，模式为 NAT，也就意味着虚拟机如果选择 WYLNAT 网络后，将通过 ens33 网卡进行地址转换后再转发给外网。单击 Finish 按钮，完成网络的配置。

（6）在如图 5-9 所示的对话框中，单击 Finish 按钮，可以看到一个新生成的虚拟网络 WYLNAT，如图 5-10 所示。

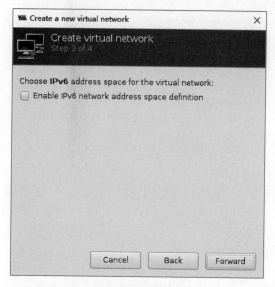

图 5-8 配置 IPv6 网络

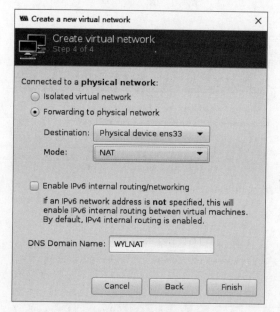

图 5-9 选择转换的物理网络

(7) 虚拟机如果要使用 WYLNAT 网络,可以打开虚拟机的详情页面,如图 5-11 所示,选择网卡,在虚拟网络接口页面中,选择网络源 WYLNAT。

(8) 启动虚拟机 vm01-clone,查看网卡的情况,发现 eth0 获取到 WYLNAT 网络提供的 IP 地址 192.168.200.195/24,如图 5-12 所示。

(9) 从宿主机上可以通过虚拟网络 WYLNAT 访问到虚拟机 vm01-clone,如图 5-13 所示。

(10) 查看在虚拟机 vm01-clone 是否可以访问外网中的其他主机,先查看一下外网

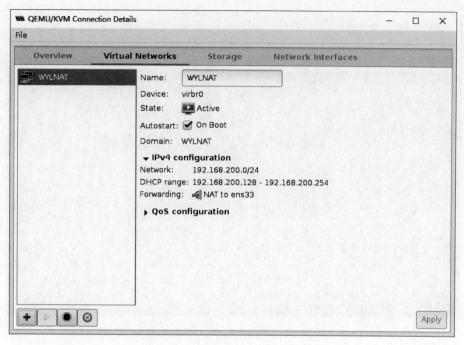

图 5-10　新生成的 WYLNAT 网络

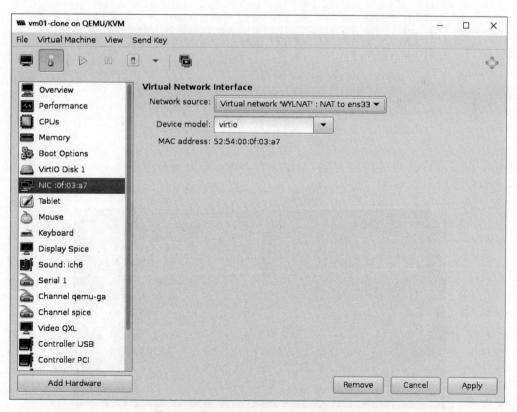

图 5-11　虚拟机选择使用 WYLNAT 网络

```
                       vm01-clone on QEMU/KVM                    _ □

File  Virtual Machine  View  Send Key

  ▭    ▯    ▷    ‖    ▯    ▾    ▯

Red Hat Enterprise Linux Server 7.3 (Maipo)
Kernel 3.10.0-514.el7.x86_64 on an x86_64

localhost login: root
Password:
Last login: Sat Feb 15 18:38:42 from gateway
[root@localhost ~]# ip addr
1: lo: <LOOPBACK,UP,LOWER_UP> mtu 65536 qdisc noqueue state UNKNOWN qlen 1
    link/loopback 00:00:00:00:00:00 brd 00:00:00:00:00:00
    inet 127.0.0.1/8 scope host lo
       valid_lft forever preferred_lft forever
    inet6 ::1/128 scope host
       valid_lft forever preferred_lft forever
2: eth0: <BROADCAST,MULTICAST,UP,LOWER_UP> mtu 1500 qdisc pfifo_fast state UP qlen 1000
    link/ether 52:54:00:0f:03:a7 brd ff:ff:ff:ff:ff:ff
[root@localhost ~]# dhclient
[root@localhost ~]# ip add show eth0
2: eth0: <BROADCAST,MULTICAST,UP,LOWER_UP> mtu 1500 qdisc pfifo_fast state UP qlen 1000
    link/ether 52:54:00:0f:03:a7 brd ff:ff:ff:ff:ff:ff
    inet 192.168.200.195/24 brd 192.168.200.255 scope global dynamic eth0
       valid_lft 3591sec preferred_lft 3591sec
    inet6 fe80::5054:ff:fe0f:3a7/64 scope link
       valid_lft forever preferred_lft forever
[root@localhost ~]#
```

图 5-12　使用 WYLNAT 网络启动后的网卡情况

```
[root@node1 ~]# ping -c4 192.168.200.195
PING 192.168.200.195 (192.168.200.195) 56(84) bytes of data.
64 bytes from 192.168.200.195: icmp_seq=1 ttl=64 time=0.889 ms
64 bytes from 192.168.200.195: icmp_seq=2 ttl=64 time=0.900 ms
64 bytes from 192.168.200.195: icmp_seq=3 ttl=64 time=0.844 ms
64 bytes from 192.168.200.195: icmp_seq=4 ttl=64 time=0.950 ms

--- 192.168.200.195 ping statistics ---
4 packets transmitted, 4 received, 0% packet loss, time 3004ms
rtt min/avg/max/mdev = 0.844/0.895/0.950/0.052 ms
[root@node1 ~]#
```

图 5-13　宿主机可以访问虚拟机

中的一台 Windows 主机的 IP 地址,如图 5-14 所示,其 IP 地址为 192.168.100.1,然后在虚拟机 vm01-clone 中去 ping 这台 Windows 主机,发现是通的,如图 5-15 所示。

```
C:\Windows\system32>ipconfig

Windows IP 配置

以太网适配器 以太网:

   媒体状态  . . . . . . . . . . . . : 媒体已断开连接
   连接特定的 DNS 后缀 . . . . . . . :

以太网适配器 VMware Network Adapter VMnet8:

   连接特定的 DNS 后缀 . . . . . . . :
   本地链接 IPv6 地址. . . . . . . . : fe80::847a:12c6:523e:5a2c%9
   IPv4 地址 . . . . . . . . . . . . : 192.168.100.1
   子网掩码  . . . . . . . . . . . . : 255.255.255.0
   默认网关. . . . . . . . . . . . . :
```

图 5-14　外网中的一台 Windows 主机

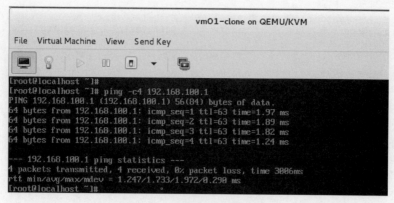

图 5-15　虚拟机可以访问外网

　　（11）在宿主机上查看网络的情况，发现新建 WYLNAT 网络后，多了一个 virbr0 的网桥，并且 virbr0 中内置了一个网络接口 virbr0-nic，以及网桥上的另一个接口 vnet0，此接口是连接虚拟机 vm01-clone 的，如图 5-16 所示。

```
[root@node1 ~]# ip address
1: lo: <LOOPBACK,UP,LOWER_UP> mtu 65536 qdisc noqueue state UNKNOWN qlen 1
    link/loopback 00:00:00:00:00:00 brd 00:00:00:00:00:00
    inet 127.0.0.1/8 scope host lo
       valid_lft forever preferred_lft forever
    inet6 ::1/128 scope host
       valid_lft forever preferred_lft forever
2: ens33: <BROADCAST,MULTICAST,UP,LOWER_UP> mtu 1500 qdisc pfifo_fast state UP qlen 1000
    link/ether 00:0c:29:1d:d8:c5 brd ff:ff:ff:ff:ff:ff
    inet 192.168.100.145/24 brd 192.168.100.255 scope global dynamic ens33
       valid_lft 1706sec preferred_lft 1706sec
    inet6 fe80::20c:29ff:fe1d:d8c5/64 scope link
       valid_lft forever preferred_lft forever
25: virbr0: <BROADCAST,MULTICAST,UP,LOWER_UP> mtu 1500 qdisc noqueue state UP qlen 1000
    link/ether 52:54:00:ef:f0:2d brd ff:ff:ff:ff:ff:ff
    inet 192.168.200.1/24 brd 192.168.200.255 scope global virbr0
       valid_lft forever preferred_lft forever
26: virbr0-nic: <BROADCAST,MULTICAST> mtu 1500 qdisc pfifo_fast master virbr0 state DOWN qlen 1000
    link/ether 52:54:00:ef:f0:2d brd ff:ff:ff:ff:ff:ff
27: vnet0: <BROADCAST,MULTICAST,UP,LOWER_UP> mtu 1500 qdisc pfifo_fast master virbr0 state UNKNOWN qlen 100
0
    link/ether fe:54:00:0f:03:a7 brd ff:ff:ff:ff:ff:ff
    inet6 fe80::fc54:ff:fe0f:3a7/64 scope link
       valid_lft forever preferred_lft forever
[root@node1 ~]#
```

图 5-16　宿主机网卡信息

5.1.3　NAT 网络的字符配置方法

　　如果没有图形的情况下或者在进行自动化部署的时候，就需要了解字符界面下的配置，具体操作如下：

　　（1）查看当前的虚拟网络，如图 5-17 所示。图中显示了网络的名字（Name），状态（State）是激活的，宿主机启动时是自动（Autostart）开启网络的，此网络是永久（Persistent）有效的。

　　（2）查看 WYLNAT 网络中的网桥情况，如图 5-18 所示，网桥名字为 virbr0，此网桥有两个接口，一个是网桥内置的接口 virbr0-nic，另一个是连接虚拟机 vm01-clone 的接口vnet0。

```
[root@node1 ~]# virsh net-list
Name                State          Autostart        Persistent

WYLNAT              active         yes              yes

[root@node1 ~]# _
```

图 5-17　查看虚拟网络状态

```
[root@node1 ~]# brctl show virbr0
bridge name      bridge id                STP enabled        interfaces
virbr0           8000.525400eff02d        yes                virbr0-nic
                                                             vnet0

[root@node1 ~]#
```

图 5-18　查看网桥 virbr0

（3）查看路由情况,如图 5-19 所示,所有前往网段 192.168.200.0/24 的数据包,都从 virbr0 发出去。

```
[root@node1 ~]# route -n
Kernel IP routing table
Destination      Gateway          Genmask          Flags Metric Ref    Use Iface
0.0.0.0          192.168.100.2    0.0.0.0          UG    100    0        0 ens33
192.168.100.0    0.0.0.0          255.255.255.0    U     0      0        0 ens33
192.168.200.0    0.0.0.0          255.255.255.0    U     0      0        0 virbr0
[root@node1 ~]#
```

图 5-19　查看宿主机路由表

（4）通过配置文件新建网络,要用到配置文件,配置文件有一个模板,在/usr/share/ libvirt/network/目录下,名字为 default,可以复制并修改此配置文件,来创建新的网络。 如图 5-20 所示,生成一个新的网络配置文件 nat.xml。

```
[root@node1 ~]# cd /usr/share/libvirt/networks/
[root@node1 networks]#
[root@node1 networks]# ls
default.xml
[root@node1 networks]#
[root@node1 networks]# cp default.xml nat.xml
[root@node1 networks]#
[root@node1 networks]# vim nat.xml
[root@node1 networks]#
```

图 5-20　生成新的配置文件 nat.xml

（5）修改网络配置文件 nat.xml,如图 5-21 所示,一是修改网络名字为 WJHNAT,二 是修改网桥的名字为 virbr1,三是修改网桥的 IP 地址为 192.168.201.1,四是修改此网络 提供的 IP 地址池,范围为 192.168.201.101~192.168.201.200。

（6）配置文件生成之后,就可以通过 virsh net-define 命令定义此网络,如图 5-22 所 示,定义完成后,并没有发现此网络,通过--all 选项才能看到,是因为此网络没有激活。

（7）如图 5-23 所示,通过 net-start 来激活此网络,发现此时状态为 active 了。

（8）图 5-23 中显示网络激活了,但是并不会随着宿主机启动而启动此网络,因此,需

```
[root@node1 networks]# cat nat.xml
<network>
  <name>WJHNAT</name>
  <bridge name="virbr1"/>
  <forward/>
  <ip address="192.168.201.1" netmask="255.255.255.0">
    <dhcp>
      <range start="192.168.201.101" end="192.168.201.200"/>
    </dhcp>
  </ip>
</network>
```

图 5-21　修改网络配置文件 nat.xml

```
[root@node1 networks]# virsh net-define /usr/share/libvirt/networks/nat.xml
Network WJHNAT defined from /usr/share/libvirt/networks/nat.xml

[root@node1 networks]#
[root@node1 networks]# virsh net-list
Name                 State      Autostart     Persistent
----------------------------------------------------------
 WYLNAT               active     yes           yes

[root@node1 networks]# virsh net-list --all
Name                 State      Autostart     Persistent
----------------------------------------------------------
 WJHNAT               inactive   no            yes
 WYLNAT               active     yes           yes

[root@node1 networks]#
```

图 5-22　定义网络 WJHNAT

```
[root@node1 networks]# virsh net-start WJHNAT
Network WJHNAT started

[root@node1 networks]# virsh net-list --all
Name                 State      Autostart     Persistent
----------------------------------------------------------
 WJHNAT               active     no            yes
 WYLNAT               active     yes           yes

[root@node1 networks]# _
```

图 5-23　激活网络 WJHNAT

要通过 net-autostart 命令来实现自动启动 WJHNAT 网络,如图 5-24 所示,至此 WJHNAT 网络配置完成了。

```
[root@node1 networks]# virsh net-autostart WJHNAT
Network WJHNAT marked as autostarted

[root@node1 networks]#
```

图 5-24　自动启动 WJHNAT 网络

(9) 网络 WJHNAT 配置完成后,如果虚拟机要使用此网络,需要在虚拟机的详情页面进行设置,如图 5-25 所示,让虚拟机使用 WJHNAT 网络。

(10) 启动虚拟机后,发现虚拟机获取了 WJHNAT 网络的相关信息,如图 5-26 所示。

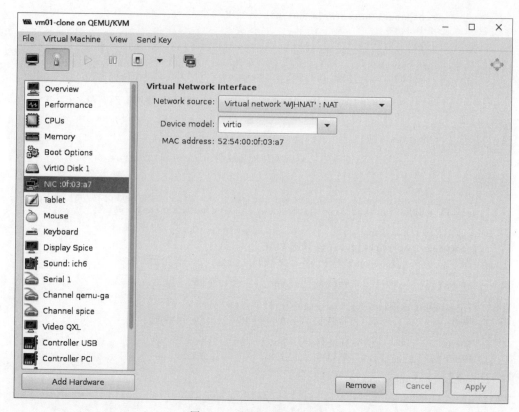

图 5-25 配置虚拟机网络源

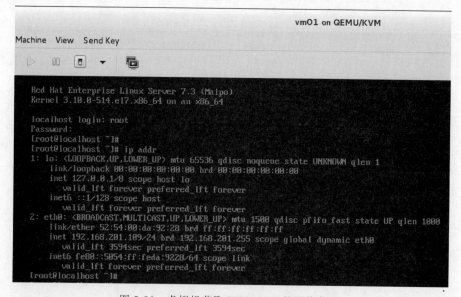

图 5-26 虚拟机获取 WJHNAT 的网络信息

5.2　桥接

5.2.1　桥接网络的原理

　　网桥方式连接网络就是虚拟机与宿主机接在同一个交换机上,如图 5-27 所示,此时虚拟机与宿主机以及其他的主机都是在同一个网段,相互间可以直接通信。虚拟机与宿主机之前通过网桥通信,而虚拟机与外部主机之间则通过外部的物理交换机通信。

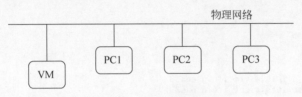

图 5-27　网桥连网方式

　　默认情况下 KVM 是没有网桥的,因此,需要管理员对其进行配置,生成一个网桥br0,如图 5-28 所示,然后将宿主机网卡 eth0、连接虚拟机的网卡 vnet0、vnet1 连接到网桥br0,此时,虚拟机配置的 IP 地址,需要与物理机的 IP 地址以及外部主机的 IP 地址在同一个网段,这样虚拟机就可以与宿主机以及外部主机之间进行通信了。

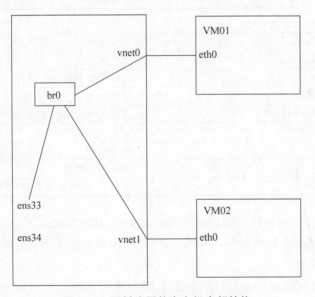

图 5-28　网桥连网的宿主机内部结构

5.2.2　桥接网络的字符配置方法

　　(1)在网卡的配置文件目录中,生成一个新的配置文件 ifcfg-br0,如图 5-29 所示,并在其上配置好 IP 地址,每个选项的具体含义如表 5-1 所示。

```
[root@node1 ~]# cd /etc/sysconfig/network-scripts/
[root@node1 network-scripts]# ls
ifcfg-ens33  ifdown-ipv6      ifdown-TeamPort  ifup-ippp    ifup-routes     network-functions
ifcfg-lo     ifdown-isdn      ifdown-tunnel    ifup-ipv6    ifup-sit        network-functions-ipv6
ifdown       ifdown-post      ifup             ifup-isdn    ifup-Team
ifdown-bnep  ifdown-ppp       ifup-aliases     ifup-plip    ifup-TeamPort
ifdown-eth   ifdown-routes    ifup-bnep        ifup-plusb   ifup-tunnel
ifdown-ib    ifdown-sit       ifup-eth         ifup-post    ifup-wireless
ifdown-ippp  ifdown-Team      ifup-ib          ifup-ppp     init.ipv6-global
[root@node1 network-scripts]# vim ifcfg-br0
[root@node1 network-scripts]# cat ifcfg-br0
DEVICE=br0
NAME=br0
ONBOOT=yes
TYPE=Bridge
BOOTPROTO=static
IPADDR=192.168.100.145
PREFIX=24
GATEWAY=192.168.100.2
DNS1=192.168.100.2
[root@node1 network-scripts]# vim ifcfg-ens33
[root@node1 network-scripts]# cat ifcfg-ens33
NAME=ens33
DEVICE=ens33
ONBOOT=yes
BRIDGE=br0
[root@node1 network-scripts]# systemctl restart network
```

图 5-29　网桥的配置方法

表 5-1　网桥 br0 配置文件选项含义

选　　项	含　　义
DEVICE	设备名称,br0 为网桥的名字
NAME	连接名
ONBOOT	系统启动时启动此网桥
TYPE	设备类型,此处为网桥
BOOTPROTO	获得 IP 的方式,static 为手工配置
IPADDR	设备 IP 地址
PREFIX	设备掩码
GATEWAY	设置网关地址
DNS1	设置 DNS 服务器 1 的 IP 地址

br0 配置完成后,需要修改物理网卡的配置文件,其中 BRIDGE＝br0 选项比较特殊,其含义是将此物理网卡桥接到 br0 网桥上,使得物理网卡也连接到网桥上,实现了虚拟机与宿主机之间的连接。

(2) 网桥 br0 与网卡 ens33 配置完成后,必须重启网络使其生效,如图 5-30 所示,查看网桥的信息,确认 ens33 是否已经连接到网桥 br0 上了。

```
[root@node1 network-scripts]# systemctl restart network
[root@node1 network-scripts]#
[root@node1 network-scripts]# brctl show br0
bridge name      bridge id            STP enabled      interfaces
br0              8000.000c291dd8c5    no               ens33
[root@node1 network-scripts]# _
```

图 5-30　重启网络

（3）查看网卡 ens33 与网桥 br0，发现现在的 IP 地址等信息配置在网桥 br0 上了，如图 5-31 所示。

```
[root@node1 ~]# ip addr show ens33
2: ens33: <BROADCAST,MULTICAST,UP,LOWER_UP> mtu 1500 qdisc pfifo_fast master br0 state UP qlen 1000
    link/ether 00:0c:29:1d:d8:c5 brd ff:ff:ff:ff:ff:ff
[root@node1 ~]# ip addr show br0
34: br0: <BROADCAST,MULTICAST,UP,LOWER_UP> mtu 1500 qdisc noqueue state UP qlen 1000
    link/ether 00:0c:29:1d:d8:c5 brd ff:ff:ff:ff:ff:ff
    inet 192.168.100.145/24 brd 192.168.100.255 scope global br0
       valid_lft forever preferred_lft forever
    inet6 fe80::20c:29ff:fe1d:d8c5/64 scope link
       valid_lft forever preferred_lft forever
[root@node1 ~]#
```

图 5-31　查看 IP 地址

（4）如果虚拟机 vm01 要使用网桥 br0 进行连网，必须在虚拟机 vm01 的详情页面中设置网络源为 Bridge br0，如图 5-32 所示。

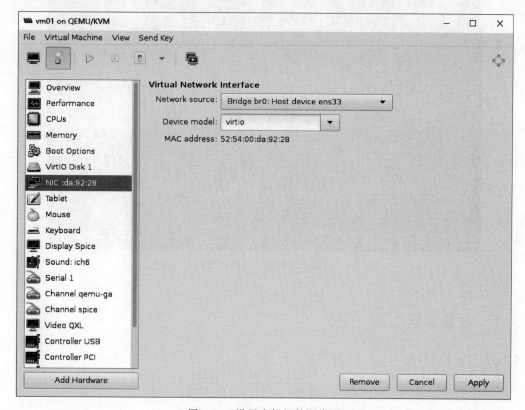

图 5-32　设置虚拟机的网络源

（5）启动虚拟机 vm01，查看网桥 br0 的信息，发现虚拟机 vm01 是采用网卡 vnet0 来连接网桥的，如图 5-33 所示。

（6）虚拟机 vm01 启动后，可以将虚拟机 vm01 的 IP 地址设置为与宿主机同一个网段 192.168.100.0/24，并测试是否可以访问到宿主机，如图 5-34 所示，发现虚拟机 vm01 与宿主机之间可以正常通信了。

```
[root@node1 ~]# brctl show br0
bridge name     bridge id          STP enabled    interfaces
br0             8000.000c291dd8c5   no             ens33
                                                   vnet0

[root@node1 ~]#
```

图 5-33　查看网桥

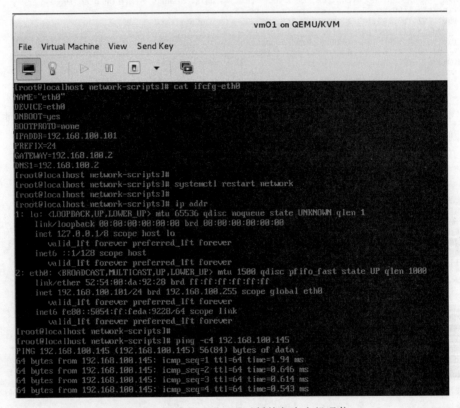

图 5-34　测试是否可以通过桥接与宿主机通信

5.3　本章实验

5.3.1　实验目的

> 了解使用图形界面的方式来创建 NAT 网络。
> 掌握使用字符界面的方式来创建 NAT 网络。
> 掌握使用字符界面的方式来创建桥接网络。

5.3.2　实验环境

在安装 KVM 的宿主机 node1 上安装虚拟机 vm01 与 vm02。

5.3.3 实验拓扑

实验拓扑图如图 5-35 所示。

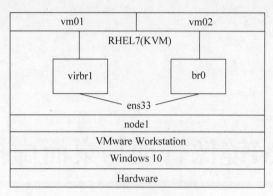

图 5-35 实验拓扑图

5.3.4 实验内容

如图 5-35 所示,创建 NAT 网络与桥接网络。

(1) 在宿主机上创建一个 NAT 的网络 NAT1,网段地址为 192.168.200.0/24,此时会生成一个新的网桥 virbr1。虚拟机 vm01 选择此网络,将 vm01 重启后,查看虚拟机 vm01 的 IP 地址,并且测试是否可以访问外网,以及外网中的 PC 是否可以访问此虚拟机 vm01。

(2) 在宿主机上创建一个网桥 br0,将物理网卡 ens33 连接至 br0。虚拟机 vm02 选择此网桥,将 vm02 重启后,查看虚拟机 vm02 的 IP 地址,并且测试是否可以访问外网以及外网是否可以访问此虚拟机 vm02。

说一说:

NAT 网络与桥接网络的原理,它们分别适应什么场合?

想一想:

实验中 vm02 会自动获取到 IP 地址吗? 如果能获取到,它的 IP 地址是谁提供的呢?

第 **6** 章

KVM镜像管理与桌面虚拟化

镜像就是安装好的操作系统的一个磁盘文件。在创建新虚拟机时,如果有模板镜像,可以节省时间去安装操作系统并配置软件的一些参数,且便于分发,不仅可以发布在KVM 虚拟机中,还可以发布在 OpenStack 平台上。在创建新虚拟机时,只修改相应(IP地址、用户名、主机名等)参数即可。

桌面虚拟化在企业里用得越来越多,也有很多软件可以实现桌面虚拟化,比如RedHat、VMware、Xen 都有自己的桌面虚拟化产品,而 KVM 也能实现桌面虚拟化,本章主要介绍在 KVM 中如何实现桌面虚拟化。

▶ **学习目标:**
- 掌握 RHEL7 镜像的制作。
- 掌握 Windows 7 镜像的制作。
- 掌握桌面虚拟化的配置。

6.1 制作并测试 RHEL7 镜像

6.1.1 制作 RHEL7 镜像

用 vm01 虚拟机的磁盘文件制作 FTP 镜像文件,只要用户使用此镜像,就可以直接使用 FTP 服务了,匿名用户可以从 pub 目录下载,也可以上传文件至 upload 目录。下面讲解其具体的操作步骤。

(1) 在虚拟机里进行初始化配置,如图 6-1 所示,关闭防火墙,并把防火墙的服务设置为 disable。

(2) 关闭 SELinux,如图 6-2 所示,把 SELinux 设置成 permissive 模式,并要求永久生效。

```
[root@localhost yum.repos.d]# systemctl stop firewalld
[root@localhost yum.repos.d]#
[root@localhost yum.repos.d]# systemctl disable firewalld
Removed symlink /etc/systemd/system/dbus-org.fedoraproject.FirewallD1.service.
Removed symlink /etc/systemd/system/basic.target.wants/firewalld.service.
[root@localhost yum.repos.d]#
```

图 6-1　关闭防火墙

```
[root@localhost yum.repos.d]# grep -v ^# /etc/selinux/config

SELINUX=permissive
SELINUXTYPE=targeted


[root@localhost yum.repos.d]#
[root@localhost yum.repos.d]# setenforce 0
[root@localhost yum.repos.d]#
[root@localhost yum.repos.d]#
[root@localhost yum.repos.d]# getenforce
Permissive
[root@localhost yum.repos.d]#
```

图 6-2　关闭 SELinux

（3）配置 IP 地址，如图 6-3 所示，保证此 IP 地址能访问到宿主机的软件仓库，能正常地安装软件。

```
[root@localhost ~]# ip addr
1: lo: <LOOPBACK,UP,LOWER_UP> mtu 65536 qdisc noqueue state UNKNOWN qlen 1
    link/loopback 00:00:00:00:00:00 brd 00:00:00:00:00:00
    inet 127.0.0.1/8 scope host lo
       valid_lft forever preferred_lft forever
    inet6 ::1/128 scope host
       valid_lft forever preferred_lft forever
2: eth0: <BROADCAST,MULTICAST,UP,LOWER_UP> mtu 1500 qdisc pfifo_fast state UP qlen 1000
    link/ether 52:54:00:da:92:28 brd ff:ff:ff:ff:ff:ff
    inet 192.168.100.101/24 brd 192.168.100.255 scope global eth0
       valid_lft forever preferred_lft forever
    inet6 fe80::5054:ff:feda:9228/64 scope link
       valid_lft forever preferred_lft forever
[root@localhost ~]#
```

图 6-3　配置 IP 地址

（4）配置软件仓库，如图 6-4 所示，仓库指向宿主机的 FTP 服务器。

```
[root@localhost ~]# cd /etc/yum.repos.d/
[root@localhost yum.repos.d]#
[root@localhost yum.repos.d]# vim dvd.repo
-bash: vim: command not found
[root@localhost yum.repos.d]# vi dvd.repo
[root@localhost yum.repos.d]#
[root@localhost yum.repos.d]# cat dvd.repo
[RHEL7]
name=all rhel7 packages
baseurl=ftp://192.168.100.145/dvd/
enabled=1
gpgcheck=0
[root@localhost yum.repos.d]#
```

图 6-4　配置 YUM 仓库

（5）安装 FTP 服务器软件 vsftpd 软件包，如图 6-5 所示，通过 YUM 安装 vsftpd 软件包。

```
[root@localhost yum.repos.d]# yum install vsftpd -y
Loaded plugins: product-id, search-disabled-repos, subscription-manager
This system is not registered to Red Hat Subscription Management. You can use subscription-manager to regis
ter.
Package vsftpd-3.0.2-21.el7.x86_64 already installed and latest version
Nothing to do
[root@localhost yum.repos.d]#
```

图 6-5　安装 vsftpd 软件包

(6) 启动并启用 FTP 服务器,如图 6-6 所示。

```
[root@localhost yum.repos.d]# systemctl start vsftpd
[root@localhost yum.repos.d]# systemctl enable vsftpd
Created symlink from /etc/systemd/system/multi-user.target.wants/vsftpd.service to /usr/lib/systemd/system/
vsftpd.service.
[root@localhost yum.repos.d]#
```

图 6-6　启动并启用 FTP 服务器

(7) 设置 FTP 的上传目录 upload,如图 6-7 所示,保证 FTP 的匿名用户能上传文件至此目录。

```
[root@localhost yum.repos.d]# mkdir /var/ftp/upload
[root@localhost yum.repos.d]#
[root@localhost yum.repos.d]# ll /var/ftp/upload
total 0
[root@localhost yum.repos.d]# ll -d /var/ftp/upload
drwxr-xr-x. 2 root root 6 Feb 17 08:30 /var/ftp/upload
[root@localhost yum.repos.d]# chown ftp /var/ftp/upload
[root@localhost yum.repos.d]#
[root@localhost yum.repos.d]# ll -d /var/ftp/upload
drwxr-xr-x. 2 ftp root 6 Feb 17 08:30 /var/ftp/upload
[root@localhost yum.repos.d]#
```

图 6-7　设置 FTP 的上传目录 upload

(8) 设置匿名用户上传权限,如图 6-8 所示,设置匿名用户上传、创建目录和其他写的权限。

```
[root@localhost yum.repos.d]# grep ^anon /etc/vsftpd/vsftpd.conf
anonymous_enable=YES
anon_upload_enable=YES
anon_mkdir_write_enable=YES
anon_other_write_enable=YES
[root@localhost yum.repos.d]#
[root@localhost yum.repos.d]# systemctl restart vsftpd
```

图 6-8　设置匿名用户上传权限

(9) 测试 vsftpd 服务器,如图 6-9 所示,测试匿名用户是否可以上传与下载。

(10) 修改系统的 IP 地址获取的方法,如图 6-10 所示,保证作为镜像之后,启动的时候不会与原系统的 IP 地址重复,因此,把配置文件中获取 IP 地址的方法设置成 DHCP。

(11) 安装工具 virt-sysprep 所提供的软件包 libguestfs-tools,如图 6-11 所示,因为 virt-sysprep 可以初始化操作系统,让其镜像会有新的 MAC 地址、SSH 密钥等,其实也是对 RHEL7 进行封装,为制作 RHEL7 镜像做好准备。

(12) 因为不能在线封装 RHEL7,因此,需要关闭 RHEL7,如图 6-12 所示,关闭虚拟机之后,就可以使用 virt-sysprep 封装 RHEL7 了,此命令的参数-d 是指后面接虚拟机的名字。

```
[root@node1 ~]# ftp 192.168.100.101
Connected to 192.168.100.101 (192.168.100.101).
220 (vsFTPd 3.0.2)
Name (192.168.100.101:root): ftp
331 Please specify the password.
Password:
230 Login successful.
Remote system type is UNIX.
Using binary mode to transfer files.
ftp>
ftp> dir
227 Entering Passive Mode (192,168,100,101,128,239).
150 Here comes the directory listing.
drwxr-xr-x    2 0        0               6 Jun 23  2016 pub
drwxr-xr-x    2 14       0               6 Feb 17 00:30 upload
226 Directory send OK.
ftp>
ftp> cd upload
250 Directory successfully changed.
ftp>
ftp> put anaconda-ks.cfg
local: anaconda-ks.cfg remote: anaconda-ks.cfg
227 Entering Passive Mode (192,168,100,101,188,37).
150 Ok to send data.
226 Transfer complete.
1680 bytes sent in 0.00322 secs (522.23 Kbytes/sec)
ftp>
ftp> cd ../pub
250 Directory successfully changed.
ftp>
ftp> get hosts
local: hosts remote: hosts
227 Entering Passive Mode (192,168,100,101,232,175).
150 Opening BINARY mode data connection for hosts (158 bytes).
226 Transfer complete.
158 bytes received in 7.1e-05 secs (2225.35 Kbytes/sec)
ftp> bye
221 Goodbye.
```

图 6-9　测试 vsftpd 服务器

```
[root@localhost ~]# cd /etc/sysconfig/network-scripts/
[root@localhost network-scripts]# vi ifcfg-eth0
[root@localhost network-scripts]#
[root@localhost network-scripts]# cat ifcfg-eth0
NAME="eth0"
DEVICE=eth0
ONBOOT=yes
BOOTPROTO=dhcp
IPADDR=192.168.100.101
PREFIX=24
GATEWAY=192.168.100.2
DNS1=192.168.100.2
[root@localhost network-scripts]#
```

图 6-10　修改系统的 IP 地址获取的方法为 DHCP

（13）封装完成后,查看要封装的虚拟机的镜像文件,如图 6-13 所示,发现磁盘文件最大可以为 9GB,当前只有 1.3GB。

（14）在实际中,磁盘镜像文件的虚拟大小可能有时不够,可以通过 resize 命令进行调整,如图 6-14 所示,将磁盘的镜像文件增加 1GB。

```
[root@node1 ~]# yum install libguestfs-tools -y
Loaded plugins: langpacks, product-id, search-disabled-repos, subscription-manager
This system is not registered to Red Hat Subscription Management. You can use subscription-manager to regis
ter.
Resolving Dependencies
--> Running transaction check
---> Package libguestfs-tools.noarch 1:1.32.7-3.el7 will be installed
--> Processing Dependency: libguestfs = 1:1.32.7-3.el7 for package: 1:libguestfs-tools-1.32.7-3.el7.noarch
--> Processing Dependency: libguestfs-tools-c = 1:1.32.7-3.el7 for package: 1:libguestfs-tools-1.32.7-3.el7
.noarch
--> Processing Dependency: perl(Win::Hivex) >= 1.2.7 for package: 1:libguestfs-tools-1.32.7-3.el7.noarch
--> Processing Dependency: perl(Locale::TextDomain) for package: 1:libguestfs-tools-1.32.7-3.el7.noarch
--> Processing Dependency: perl(Sys::Guestfs) for package: 1:libguestfs-tools-1.32.7-3.el7.noarch
--> Processing Dependency: perl(Sys::Virt) for package: 1:libguestfs-tools-1.32.7-3.el7.noarch
--> Processing Dependency: perl(Win::Hivex) for package: 1:libguestfs-tools-1.32.7-3.el7.noarch
--> Processing Dependency: perl(Win::Hivex::Regedit) for package: 1:libguestfs-tools-1.32.7-3.el7.noarch
```

图 6-11 安装工具 virt-sysprep 所提供的软件包 libguestfs-tools

```
[root@node1 ~]# virsh shutdown vm01
Domain vm01 is being shutdown

[root@node1 ~]#
[root@node1 ~]# virt-sysprep -d vm01
[   0.0] Examining the guest ...
[  97.3] Performing "abrt-data" ...
[  97.3] Performing "bash-history" ...
[  97.3] Performing "blkid-tab" ...
[  97.4] Performing "crash-data" ...
[  97.4] Performing "cron-spool" ...
[  97.4] Performing "dhcp-client-state" ...
[  97.4] Performing "dhcp-server-state" ...
[  97.4] Performing "dovecot-data" ...
[  97.4] Performing "logfiles" ...
[  97.8] Performing "machine-id" ...
[  97.8] Performing "mail-spool" ...
[  97.8] Performing "net-hostname" ...
[  97.8] Performing "net-hwaddr" ...
[  97.9] Performing "pacct-log" ...
[  97.9] Performing "package-manager-cache" ...
[  97.9] Performing "pam-data" ...
[  97.9] Performing "puppet-data-log" ...
[  97.9] Performing "rh-subscription-manager" ...
[  97.9] Performing "rhn-systemid" ...
[  98.0] Performing "rpm-db" ...
[  98.0] Performing "samba-db-log" ...
[  98.0] Performing "script" ...
[  98.0] Performing "smolt-uuid" ...
[  98.0] Performing "ssh-hostkeys" ...
[  98.0] Performing "ssh-userdir" ...
[  98.0] Performing "sssd-db-log" ...
[  98.0] Performing "tmp-files" ...
[  98.1] Performing "udev-persistent-net" ...
[  98.1] Performing "utmp" ...
[  98.1] Performing "yum-uuid" ...
[  98.1] Performing "customize" ...
[  98.1] Setting a random seed
[  98.2] Performing "lvm-uuids" ...
[root@node1 ~]#
```

图 6-12 关闭虚拟机并封装虚拟机

　　(15) 在实际发布镜像的时候,镜像文件是很小的,如果达到吉字节了,不方便发布,可以采用 virt-sparsify 命令对镜像文件进行压缩,如图 6-15(a)、(b)所示。其中--tmp 选项指明压缩时使用的临时目录,--compress 选项指明现在进行的是压缩操作,--convert 选

```
[root@node1 ~]# qemu-img info /var/lib/libvirt/images/vm01-1.qcow2
image: /var/lib/libvirt/images/vm01-1.qcow2
file format: qcow2
virtual size: 9.0G (9663676416 bytes)
disk size: 1.3G
cluster_size: 65536
Format specific information:
    compat: 1.1
    lazy refcounts: true
[root@node1 ~]# _
```

图 6-13 查看虚拟机的磁盘镜像文件

```
[root@node1 ~]# qemu-img info /var/lib/libvirt/images/vm01-1.qcow2
image: /var/lib/libvirt/images/vm01-1.qcow2
file format: qcow2
virtual size: 10G (10737418240 bytes)
disk size: 1.3G
cluster_size: 65536
Format specific information:
    compat: 1.1
    lazy refcounts: true
[root@node1 ~]# _
```

图 6-14 调整磁盘的虚拟大小

项指明转换的磁盘格式,此处为常用的 qcow2,待压缩的源文件为/var/lib/libvirt/
images/vm01-1.qcow2,压缩之后的文件为/root/rhel7_ftp.qcow2。

```
[root@node1 ~]# virt-sparsify --tmp /tmp --compress --convert qcow2 /var/lib/libvirt/images/vm01-1.qcow2 /r
oot/rhel7_ftp.qcow2
[  0.2] Create overlay file in /tmp to protect source disk
[  0.3] Examine source disk
 75% [▓▓▓▓▓▓▓▓▓▓▓▓▓▓▓▓▓▓▓▓▓▓▓▓▓▓▓▓▓▓▓▓▓▓▓▓▓▓▓▓▓▓▓▓▓▓▓▓▓▓▓▓▓▓▓▓▓▓▓▓▓▓▓▓▓▓▓▓▓▓
100% [▓▓▓▓▓▓▓▓▓▓▓▓▓▓▓▓▓▓▓▓▓▓▓▓▓▓▓▓▓▓▓▓▓▓▓▓▓▓▓▓▓▓▓▓▓▓▓▓▓▓▓] 00:00
[  8.7] Fill free space in /dev/rhel/root with zero
 2% [▓----------------------------------------------------------------------
 2% [▓----------------------------------------------------------------------
 2% [▓----------------------------------------------------------------------
 2% [▓----------------------------------------------------------------------
 4% [▓▓---------------------------------------------------------------------
```

(a) 对镜像进行压缩1

```
[ 121.5] Fill free space in /dev/sda1 with zero
 57% [▓▓▓▓▓▓▓▓▓▓▓▓▓▓▓▓▓▓▓▓▓▓▓▓▓▓▓▓▓▓▓▓▓▓▓▓▓▓▓▓▓▓▓▓▓▓▓▓▓▓▓▓▓▓▓▓▓▓▓▓▓▓▓
 86% [▓▓▓▓▓▓▓▓▓▓▓▓▓▓▓▓▓▓▓▓▓▓▓▓▓▓▓▓▓▓▓▓▓▓▓▓▓▓▓▓▓▓▓▓▓▓▓▓▓▓▓▓▓▓▓▓▓▓▓▓▓▓▓
 86% [▓▓▓▓▓▓▓▓▓▓▓▓▓▓▓▓▓▓▓▓▓▓▓▓▓▓▓▓▓▓▓▓▓▓▓▓▓▓▓▓▓▓▓▓▓▓▓▓▓▓▓▓▓▓▓▓▓▓▓▓▓▓▓
 86% [▓▓▓▓▓▓▓▓▓▓▓▓▓▓▓▓▓▓▓▓▓▓▓▓▓▓▓▓▓▓▓▓▓▓▓▓▓▓▓▓▓▓▓▓▓▓▓▓▓▓▓▓▓▓▓▓▓▓▓▓▓▓▓
 85% [▓▓▓▓▓▓▓▓▓▓▓▓▓▓▓▓▓▓▓▓▓▓▓▓▓▓▓▓▓▓▓▓▓▓▓▓▓▓▓▓▓▓▓▓▓▓▓▓▓▓▓▓▓▓▓▓▓▓▓▓▓▓▓
 85% [▓▓▓▓▓▓▓▓▓▓▓▓▓▓▓▓▓▓▓▓▓▓▓▓▓▓▓▓▓▓▓▓▓▓▓▓▓▓▓▓▓▓▓▓▓▓▓▓▓▓▓▓▓▓▓▓▓▓▓▓▓▓▓
 93% [▓▓▓▓▓▓▓▓▓▓▓▓▓▓▓▓▓▓▓▓▓▓▓▓▓▓▓▓▓▓▓▓▓▓▓▓▓▓▓▓▓▓▓▓▓▓▓▓▓▓▓▓▓▓▓▓▓▓▓▓▓▓▓
100% [▓▓▓▓▓▓▓▓▓▓▓▓▓▓▓▓▓▓▓▓▓▓▓▓▓▓▓▓▓▓▓▓▓▓▓▓▓▓▓▓▓▓▓▓▓▓▓▓▓▓▓▓▓▓▓▓▓▓▓▓▓▓▓
▓▓ ] 00:00
[ 128.7] Copy to destination and make sparse
[ 392.0] Sparsify operation completed with no errors.
virt-sparsify: Before deleting the old disk, carefully check that the
target disk boots and works correctly.
[root@node1 ~]#
```

(b) 对镜像进行压缩2

图 6-15 对镜像进行压缩

（16）压缩后，磁盘镜像文件只有 448MB 了，如图 6-16 所示，此时就便于发布了。

```
[root@node1 ~]# qemu-img info /root/rhel7_ftp.qcow2
image: /root/rhel7_ftp.qcow2
file format: qcow2
virtual size: 10G (10737418240 bytes)
disk size: 448M
cluster_size: 65536
Format specific information:
    compat: 1.1
    lazy refcounts: false
[root@node1 ~]#
[root@node1 ~]# ll -h /root/rhel7_ftp.qcow2
-rw-r--r--. 1 root root 449M Feb 17 09:37 /root/rhel7_ftp.qcow2
[root@node1 ~]#
```

图 6-16　查看压缩后的镜像文件

6.1.2　测试 RHEL7 镜像

镜像制作完成后，就需要测试此镜像是否可用。下面介绍制作完成的 rhel7_ftp.qcow2 镜像是否可用，具体操作步骤如下：

（1）在虚拟机管理器下新建虚拟机，如图 6-17 所示，右击 QEMU/KVM，选择 New 命令。

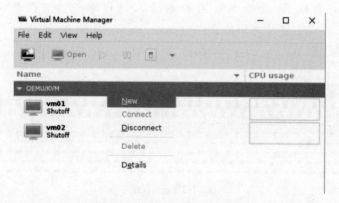

图 6-17　右击 QEMU/KVM

（2）新建虚拟机的向导，如图 6-18 所示，在这里选择 Import existing disk image，也就是导入存在的磁盘镜像文件。

（3）将刚创建的镜像复制到/var/lib/libvirt/images/目录下，如图 6-19 所示，便于选择 default 存储池中的镜像文件。

（4）选择镜像，如图 6-20 所示，选择 default 存储池中的刚制作好的镜像 rhel7_ftp.qcow2。

（5）导入镜像之后，如图 6-21 所示，在操作系统的 OS type 中选择 Linux，在 Version 中选择 Red Hat Enterprise Linux 7。

（6）设置虚拟机的 CPU 与内存大小，如图 6-22 所示，都按默认的大小即可。

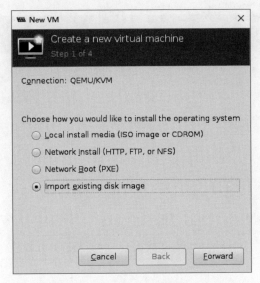

图 6-18　选择安装操作系统方法

```
[root@node1 ~]# cp rhel7_ftp.qcow2 /var/lib/libvirt/images/
[root@node1 ~]#
```

图 6-19　复制镜像到 default 的存储池中

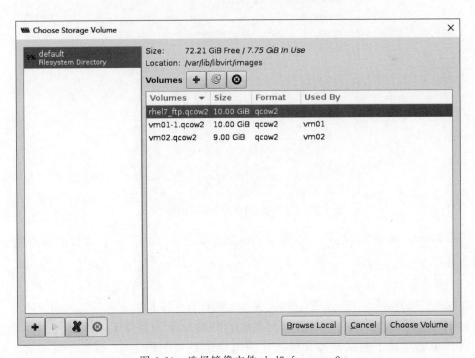

图 6-20　选择镜像文件 rhel7_ftp. qcow2

图 6-21　设置操作相关的信息

图 6-22　设置虚拟机的 CPU 与内存大小

（7）给虚拟机取一个名字，如图 6-23 所示，此处为 rhel7.3_ftp，其他保持默认值即可。

（8）新的虚拟机 rhel7.3_ftp 如图 6-24 所示，接下来，可以直接启动此虚拟机。

（9）虚拟机 rhel7.3_ftp 启动完成后，从宿主机远程至虚拟机 rhe17.3_ftp 上，如图 6-25 所示，其 IP 地址为 192.168.100.102，与之前的虚拟机 IP 地址是不一样的。

（10）从宿主机上测试镜像文件新建的虚拟机是否工作正常，如图 6-26 所示，发现 FTP 服务可用了，并且功能都实现了。

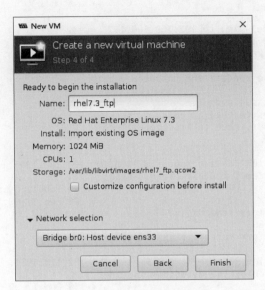

图 6-23　安装虚拟机前的配置

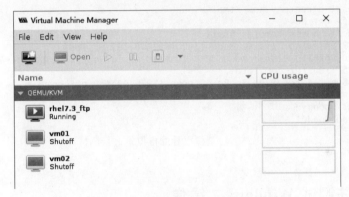

图 6-24　新建的虚拟机 rhel7.3_ftp

```
[root@node1 ~]# ssh root@192.168.100.102
The authenticity of host '192.168.100.102 (192.168.100.102)' can't be established.
ECDSA key fingerprint is ef:92:2c:7e:4e:5b:0c:d6:7e:cb:5e:e9:87:7b:3f:66.
Are you sure you want to continue connecting (yes/no)? yes
Warning: Permanently added '192.168.100.102' (ECDSA) to the list of known hosts.
root@192.168.100.102's password:
Last login: Mon Feb 17 09:53:28 2020
[root@localhost ~]#
[root@localhost ~]#
[root@localhost ~]# ip addr
1: lo: <LOOPBACK,UP,LOWER_UP> mtu 65536 qdisc noqueue state UNKNOWN qlen 1
    link/loopback 00:00:00:00:00:00 brd 00:00:00:00:00:00
    inet 127.0.0.1/8 scope host lo
       valid_lft forever preferred_lft forever
    inet6 ::1/128 scope host
       valid_lft forever preferred_lft forever
2: eth0: <BROADCAST,MULTICAST,UP,LOWER_UP> mtu 1500 qdisc pfifo_fast state UP qlen 1000
    link/ether 52:54:00:bf:ab:8c brd ff:ff:ff:ff:ff:ff
    inet 192.168.100.102/24 brd 192.168.100.255 scope global eth0
       valid_lft forever preferred_lft forever
    inet6 fe80::5054:ff:febf:ab8c/64 scope link
       valid_lft forever preferred_lft forever
[root@localhost ~]#
```

图 6-25　启动虚拟机 rhel7.3_ftp

```
[root@node1 ~]# ftp 192.168.100.102
Connected to 192.168.100.102 (192.168.100.102).
220 (vsFTPd 3.0.2)
Name (192.168.100.102:root): ftp
331 Please specify the password.
Password:
230 Login successful.
Remote system type is UNIX.
Using binary mode to transfer files.
ftp>
ftp> dir
227 Entering Passive Mode (192,168,100,102,188,130).
150 Here comes the directory listing.
drwxr-xr-x    2 0        0              19 Feb 17 00:51 pub
drwxr-xr-x    2 14       0              29 Feb 17 00:50 upload
226 Directory send OK.
ftp> cd pub
250 Directory successfully changed.
ftp> dir
227 Entering Passive Mode (192,168,100,102,170,191).
150 Here comes the directory listing.
-rw-r--r--    1 0        0             158 Feb 17 00:51 hosts
226 Directory send OK.
ftp> lcd /tmp
Local directory now /tmp
ftp> get hosts
local: hosts remote: hosts
227 Entering Passive Mode (192,168,100,102,87,166).
150 Opening BINARY mode data connection for hosts (158 bytes).
226 Transfer complete.
158 bytes received in 8e-05 secs (1975.00 Kbytes/sec)
ftp> bye
221 Goodbye.
[root@node1 ~]#
```

图 6-26　对镜像引导的虚拟机进行测试

6.2　制作并测试 Windows 7 镜像

6.2.1　制作 Windows 7 镜像

制作一个 Windows 7 的镜像,使得用户启动此镜像就可以使用 PHP 与 MYSQL 搭建的平台,并且可以使用 DVWA 进行相关的安全测试与学习。制作镜像之前,必须先安装操作系统,然后再使用安装的操作系统来制作镜像。下面讲解具体操作步骤。

(1) 新建 Windows 7 的虚拟机,如图 6-27 所示,选择安装操作系统的方法,此处选择 Local install media(ISO image or CDROM),也就意味着,必须要挂载 Windows 7 的 ISO 镜像。

(2) 选择安装镜像,如图 6-28 所示,这里选择 win7.iso,必须先要把 win7.iso 镜像复制到 default 存储池里面。

(3) 选择完镜像之后,可以让向导自动检测一下操作系统,如图 6-29 所示,操作系统的类型为 Windows,版本为 Microsoft Windows 7。

(4) 选择内存与 CPU 的大小,如图 6-30 所示,此处按默认的大小,内存为 4GB,CPU 为 2 个。

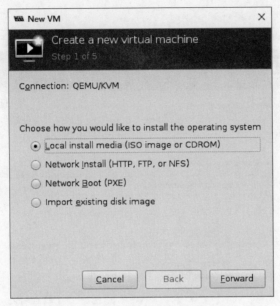

图 6-27　选择安装操作系统方式

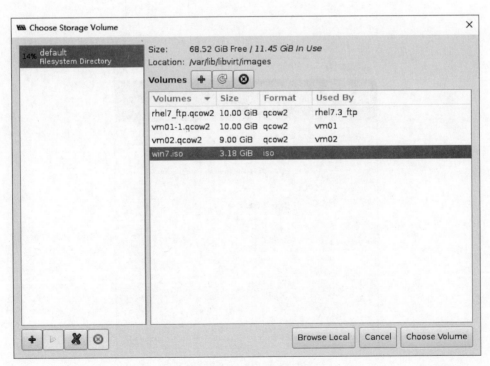

图 6-28　选择安装镜像

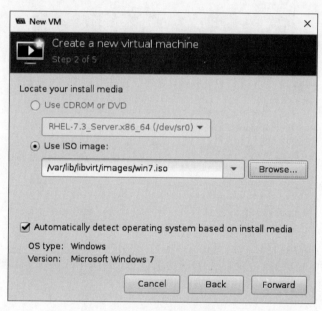

图 6-29　检测操作系统信息

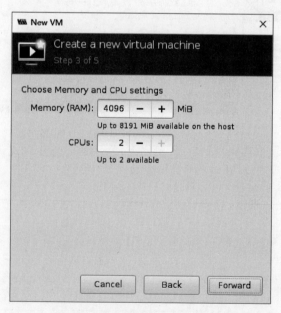

图 6-30　选择内存与 CPU 的大小

（5）创建存储，如图 6-31 所示，也就是硬盘文件，此处默认的是 40GB。

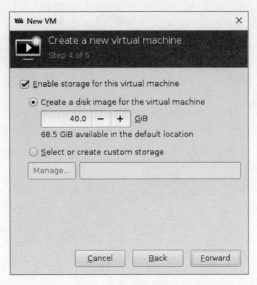

图 6-31　配置磁盘文件

（6）安装前的准备工作，如图 6-32 所示，虚拟机的名字为 win7，安装之前需要进行定制，因此，选中 Customize configuration before install 复选框。

图 6-32　安装前的准备工作

（7）定制磁盘文件，如图 6-33 所示，Disk bus 设置为 VirtIO，因为 VirtIO 是一种半虚拟化的磁盘总线，而 IDE 是完全虚拟化的总线，因此，VirtIO 类型的总线要比 IDE 类型的总线在性能上要好很多。

（8）同样，需要定制网卡的设备模式，如图 6-34 所示，把 Device model 设置为 virtio，提高网卡的性能。

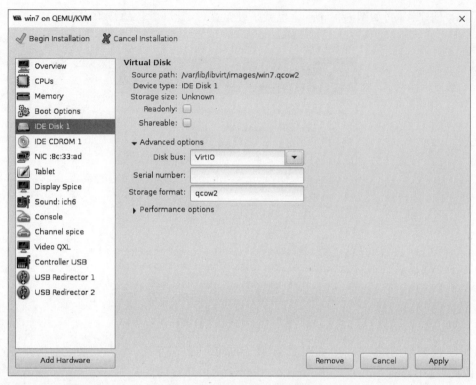

图 6-33　定制磁盘的总线类型

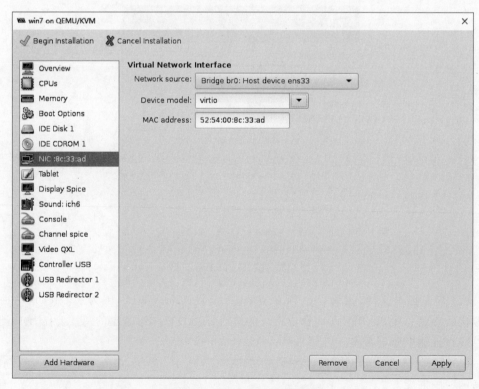

图 6-34　定制网卡的设备模式

（9）添加一块软盘，如图 6-35 所示，选中软盘文件 virtio-win-1.5.2.vfd，这里面装载了磁盘的驱动文件，选中之后，单击 Choose Volume 按钮，弹出如图 6-36 所示的对话框，表明软盘已经配置好了。

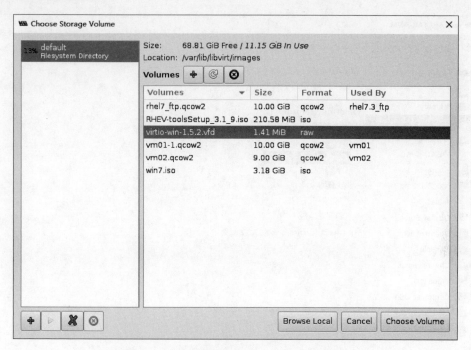

图 6-35　选中软盘文件 virtio-win-1.5.2.vfd

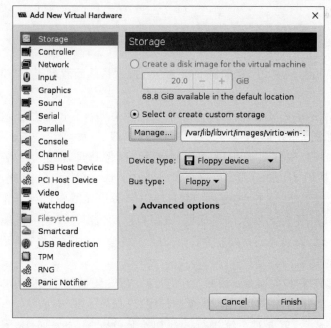

图 6-36　添加软盘

（10）软盘添加完成后，设置虚拟机的启动顺序，如图 6-37 所示，因为要通过 ISO 文件来安装 Windows 7，因此选择 Boot Options 栏中的 IDE CDROM1，选择完成后，单击图 6-37 中的 Begin Installation 按钮，开始对系统进行安装。

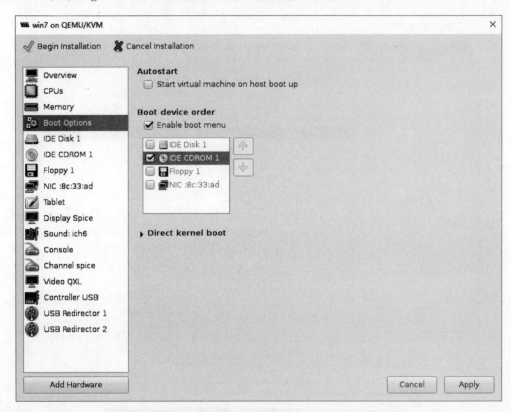

图 6-37　设置启动顺序

（11）进行 Windows 7 安装，如图 6-38 所示，按默认的配置即可，单击"下一步"按钮，继续进行安装。

（12）因为 Windows 安装较简单，所以安装前段有些步骤就略过了，直到选择进行何种类型的安装，如图 6-39 所示，这里选择"自定义(高级)"。

（13）接下来选择安装到哪里，如图 6-40 所示，毫无疑问，肯定是安装到硬盘，但此处没有看到硬盘，是因为 Windows 7 不识别 VirtIO 总线的硬盘，因此，就必须先安装 VirtIO 总线的磁盘驱动，单击"加载驱动程序"按钮，弹出如图 6-41 所示的对话框，再单击"浏览"按钮，弹出如图 6-42 所示的对话框，根据自己的情况选择相应的驱动，此处先选择的是 i386 下的驱动，发现不行，又选择了 amd64 下的驱动，如图 6-43 所示，单击"下一步"按钮，完成驱动的安装。

（14）驱动程序安装完成后，如图 6-44 所示，在安装的界面中，可以看到识别到了40GB 磁盘文件，单击"下一步"按钮，继续进行安装，如图 6-45 所示。

（15）安装完成后，就要对系统进行一些初始化的配置，如图 6-46 所示，在这里设置用户名、密码等信息，就可以进入系统了。

图 6-38　选择语言

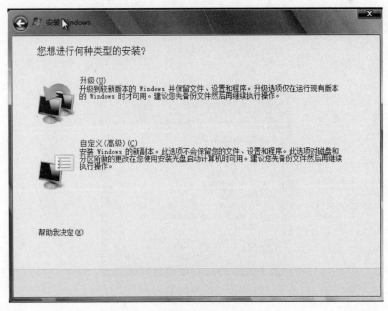

图 6-39　选择进行何种类型的安装

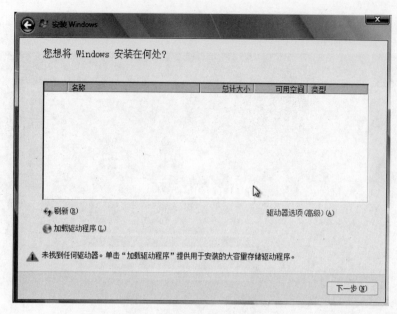

图 6-40 选择 Windows 安装到何处

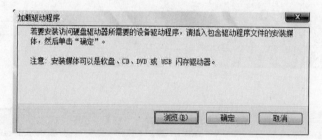

图 6-41 加载驱动程序

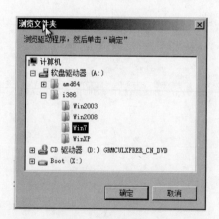

图 6-42 选择驱动程序

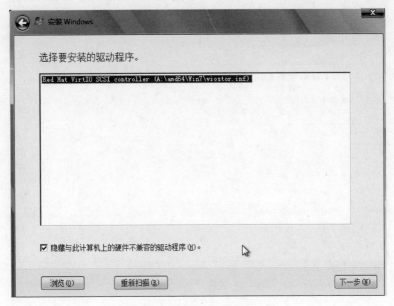

图 6-43 安装驱动程序

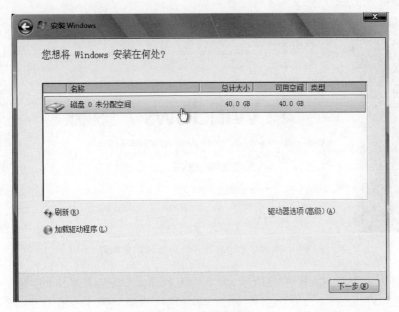

图 6-44 识别了磁盘

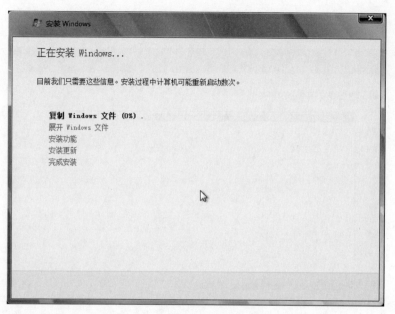

图 6-45　安装 Windows 7 界面

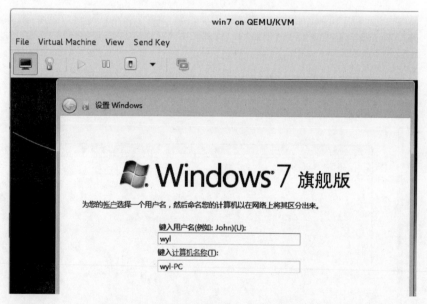

图 6-46　对安装后的系统进行初始化配置

　　(16)进入系统后,如图 6-47 所示,发现没有网卡,其实是有网卡的,但是系统未识别,原因也是 Windows 7 没有识别到 virtio 驱动的半虚拟化网卡。在这里,挂载 RHEV(红帽企业虚拟化)提供的网卡驱动,如图 6-48 所示,加载镜像文件 RHEV-toolsSetup_3.1_9.iso。

　　(17)打开虚拟机 Windows 7 的 CD 驱动器,如图 6-49 所示,双击打开 RHEV-toolsSetup 工具,弹出如图 6-50 所示的对话框,安装 RHEV 工具的向导。

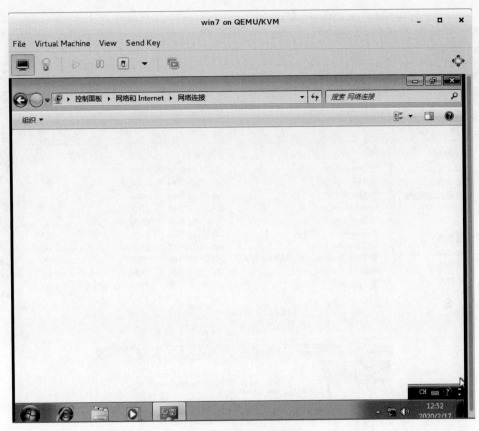

图 6-47　没有识别网卡

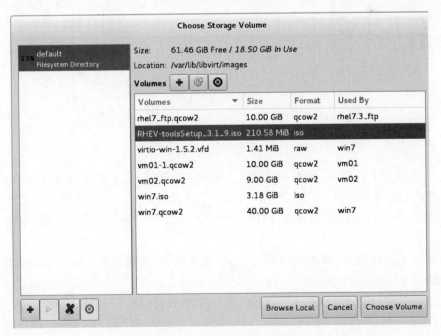

图 6-48　加载 RHEV 工具

图 6-49　打开虚拟机 Windows 7 的 CD 驱动器

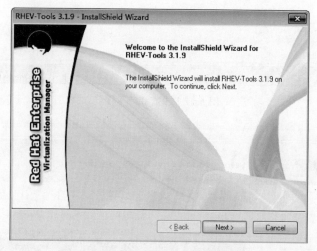

图 6-50　安装 RHEV 工具的向导

(18) 选择相关的驱动,如图 6-51 所示,在这里选择 RHEV Network,其他的选项也可以按默认配置进行选择,单击"下一步"按钮,完成安装,如图 6-52 所示。在这里必须要重启 Windows 7 才会生效,选择 Yes,I want to restart my computer now 后,单击 Finish 按钮。

(19) 重启系统之后,如图 6-53 所示,再次查看网卡,发现就有了网卡本地连接,并且自动获取了 IP 地址。

(20) 搭建 PHP+MySQL 的环境,此处用的是 phpStudySetup 来实现,如图 6-54 所示,在平台上安装 DVWA 的网站。

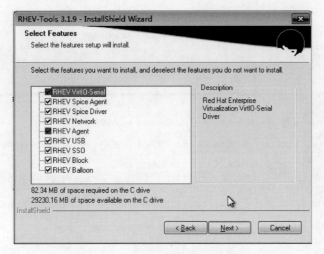

图 6-51 选择 VirtIO 系列驱动器

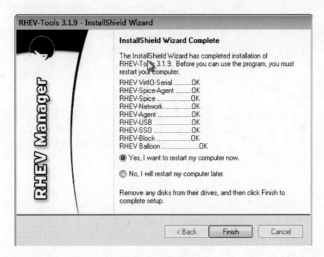

图 6-52 完成安装

（21）双击 phpStudySetup 图标，如图 6-55 所示，单击"是"按钮进行安装，安装完成之后，就会弹出如图 6-56 所示的对话框，此时可以单击"启动"按钮，启动 Apache 与 MySQL 两个服务，在运行模式处选择"系统服务"，这样下次 Windows 7 系统重启后，这两个服务也就自动启动了。

（22）安装并配置完成 phpStudy 后，接下来，设置 DVWA 网站，如图 6-57 所示，把 DVWA 网站复制到安装目录的 WWW 目录下。

（23）进入 DVWA 网站的 config 目录，如图 6-58 所示，对 config.inc.php 文件进行配置，如图 6-59 所示，把数据库的密码改成 root。

（24）打开浏览器，如图 6-60 所示，在地址栏中输入访问 DVWA 网站的 URL，此处为 http://192.168.100.148/dvwa/setup.php，单击 Create/Reset Database 按钮，创建 DVWA 的数据库。

图 6-53　查看 IP 地址

图 6-54　准备相关的软件

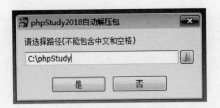

图 6-55 安装 phpStudy

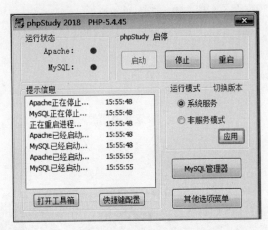

图 6-56 启动 phpStudy

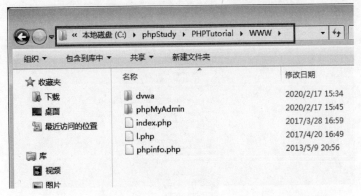

图 6-57 复制 DVWA 网站到安装目录的 WWW 目录下

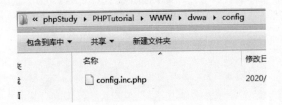

图 6-58 打到 config.inc.php 文件

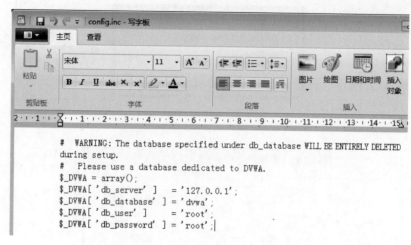

```
#   WARNING: The database specified under db_database WILL BE ENTIRELY DELETED
during setup.
#   Please use a database dedicated to DVWA.
$_DVWA = array();
$_DVWA[ 'db_server' ]   = '127.0.0.1';
$_DVWA[ 'db_database' ] = 'dvwa';
$_DVWA[ 'db_user' ]     = 'root';
$_DVWA[ 'db_password' ] = 'root';|
```

图 6-59 设置数据库的密码

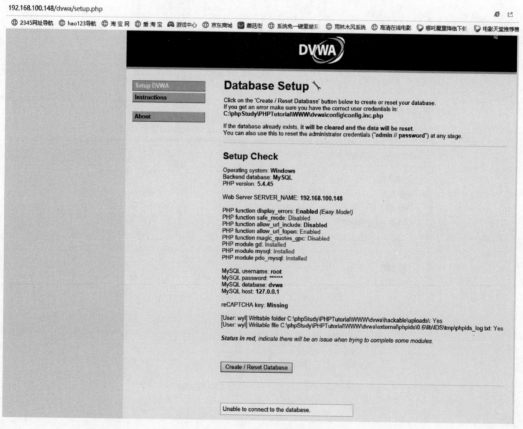

图 6-60 访问 DVWA 网站

（25）数据库创建好之后，就可以登录了，如图 6-61 所示，输入用户名与密码后，单击 Login 按钮登录 DVWA，进入 DVWA 的主页就可以学习 DVWA 相关的知识了，如图 6-62 所示。

图 6-61　登录 DVWA

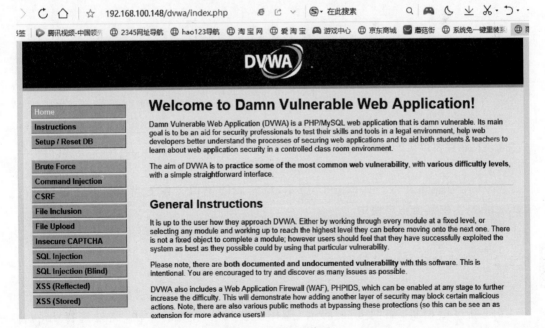

图 6-62　DVWA 首页

（26）对 Windows 7 进行封装，封装之前把 IP 设置为自动获取，然后进入 sysprep 目录，如图 6-63 所示，双击 sysprep 程序，开始进行封装，弹出如图 6-64 所示的对话框，在"系统清理工作"下拉列表框中选择"进入系统全新体验"，在"关机选项"下拉列表框中选择"关机"，单击"确定"按钮。

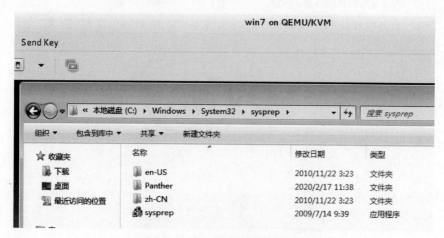

图 6-63　进入封装程序目录

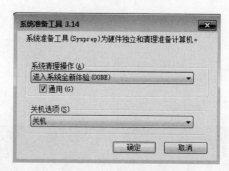

图 6-64　设置封装程序

（27）进入虚拟机的详情页面，如图 6-65 所示，把连接光盘的设备弹出并删除软盘。

（28）查看虚拟机的镜像文件，如图 6-66 所示，发现镜像文件为 40GB，实际占用磁盘为 9.9GB。

（29）压缩镜像文件。如图 6-67 所示，压缩后的镜像文件为当前目录下的 win7_dvwa.qcow2，供其他用户使用。

（30）压缩完成之后，再次查看，如图 6-68 所示，发现现在的实际大小为 4.2GB。

6.2.2　测试 Windows 7 镜像

镜像制作完成之后，就要进行测试，查看制作的镜像是否可用，具体的操作步骤如下：

（1）新建虚拟机，如图 6-69 所示，选择安装操作系统的方法，此处选择 Import existing disk image，单击 Forward 按钮。

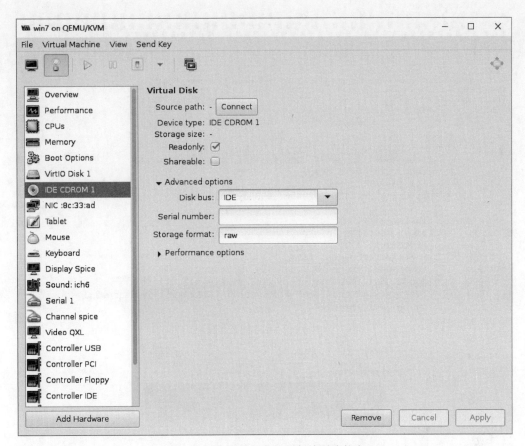

图 6-65　弹出光盘里的设备并删除软盘

```
[root@node1 images]# qemu-img info win7.qcow2
image: win7.qcow2
file format: qcow2
virtual size: 40G (42949672960 bytes)
disk size: 9.9G
cluster_size: 65536
Format specific information:
    compat: 1.1
    lazy refcounts: true
[root@node1 images]#
[root@node1 images]#
[root@node1 images]# pwd
/var/lib/libvirt/images
[root@node1 images]#
[root@node1 images]# ll -h win7.qcow2
-rw-------. 1 root root 41G Feb 17 16:03 win7.qcow2
```

图 6-66　查看虚拟机的镜像文件

```
[root@node1 images]# virt-sparsify --tmp /tmp --compress --convert qcow2 ./win7.qcow2 ./win7_dvwa.qcow2
[   0.2] Create overlay file in /tmp to protect source disk
[   0.3] Examine source disk
● 75% [▓▓▓▓▓▓▓▓▓▓▓▓▓▓▓▓▓▓▓▓▓▓▓▓▓▓▓▓▓▓▓▓▓▓▓▓▓▓▓▓▓▓▓▓▓▓▓▓▓▓▓▓▓▓▓▓▓▓▓▓▓▓▓▓▓▓▓▓▓▓▓▓▓▓▓
100% [▓▓▓▓▓▓▓▓▓▓▓▓▓▓▓▓▓▓▓▓▓▓▓▓▓▓▓▓▓▓▓▓▓▓▓▓▓▓▓▓▓▓▓▓▓▓▓▓▓▓▓▓▓▓▓▓▓▓▓▓▓▓▓▓▓▓▓▓▓▓▓▓▓▓▓▓▓
▓▓▓▓▓▓▓▓▓▓▓▓▓▓▓▓▓▓▓▓▓▓▓▓▓▓▓▓▓▓▓▓▓▓▓▓▓▓▓▓▓▓▓▓▓▓▓▓▓▓▓▓▓▓▓▓▓▓▓▓▓▓▓▓▓▓] 00:00
[  10.5] Copy to destination and make sparse

[2264.1] Sparsify operation completed with no errors.
virt-sparsify: Before deleting the old disk, carefully check that the
target disk boots and works correctly.
[root@node1 images]#
```

图 6-67 压缩镜像文件

```
[root@node1 images]# qemu-img info win7_dvwa.qcow2
image: win7_dvwa.qcow2
file format: qcow2
virtual size: 40G (42949672960 bytes)
disk size: 4.2G
cluster_size: 65536
Format specific information:
    compat: 1.1
    lazy refcounts: false
[root@node1 images]#
[root@node1 images]# ll -h win7_dvwa.qcow2
-rw-r--r--. 1 root root 4.3G Feb 17 16:52 win7_dvwa.qcow2
[root@node1 images]#
```

图 6-68 查看镜像文件

图 6-69 选择安装操作系统的方法

（2）选择刚制作好的镜像文件,如图 6-70 所示,并设置好操作系统的类型与版本。

（3）设置 CPU 与内存的大小,如图 6-71 所示,此处按默认设置即可。

（4）设置虚拟机的名字,如图 6-72 所示,此处的名字为 win7_dvwa,单击 Finish 按钮,完成新建虚拟机。

图 6-70　选择镜像文件

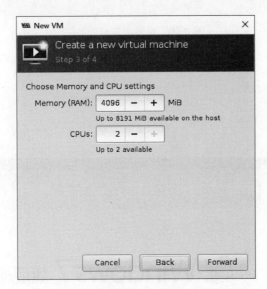

图 6-71　设置 CPU 与内存的大小

（5）完成虚拟机的新建后，就可以启动虚拟机了。启动后，发现 Windows 又要开始一个新的体验——初始化的配置，包括选择国家、创建用户、设置密码等，如图 6-73～图 6-75 所示，说明封装 Windows 7 成功了。

（6）系统初始完成后就可以进入系统了，如图 6-76 所示。

（7）查看 Windows 7 的 IP 地址，如图 6-77 所示，IP 地址为 192.168.100.149。

（8）测试 DVWA 网站是否可用，如图 6-78 所示，打开浏览器，输入网址，发现可以正常访问 DVWA 网站。

图 6-72　设置虚拟机的名字

图 6-73　系统初始化配置 1

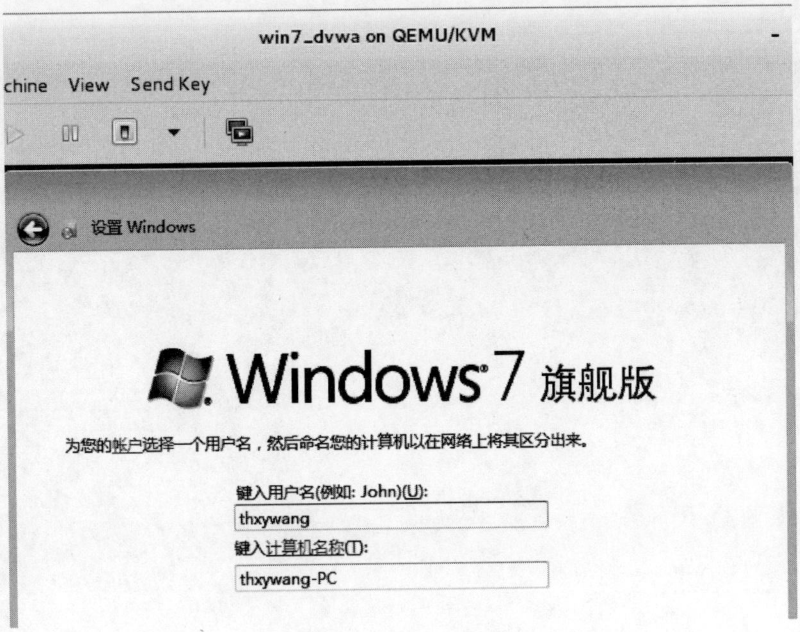

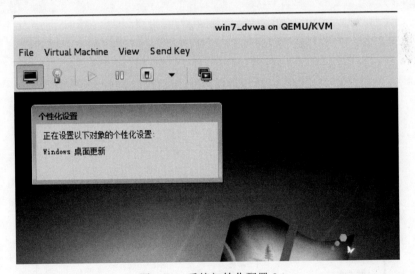

图 6-74　系统初始化配置 2

图 6-75　系统初始化配置 3

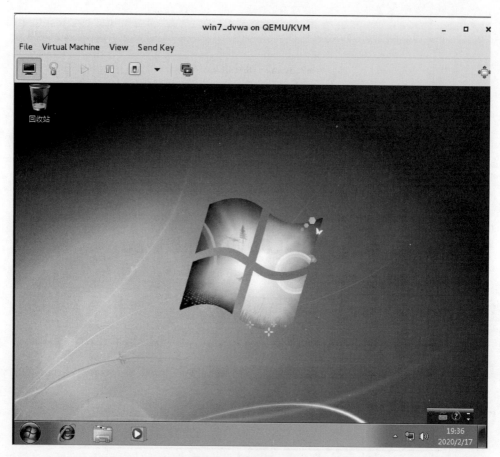

图 6-76　正常进入系统

图 6-77　查看 Windows 7 的 IP 地址

图 6-78 测试 DVWA 网站是否可用

6.3 桌面虚拟化

桌面虚拟化是指将计算机的终端系统(也称作桌面)进行虚拟化,以达到桌面使用的安全性和灵活性。可以通过任何设备,在任何地点、任何时间通过网络访问属于个人的桌面系统。在 KVM 里面实现桌面虚拟化通常有两种方法,VNC 与 SPICE,两者都是基于C/S模式,下面讲解在 KVM 下如何使用 SPICE 来实现桌面虚拟化。

(1)在宿主机上安装 SPICE 服务器端,如图 6-79 所示,需要安装 spice-protocol 与spice-server 两个软件包。

```
[root@node1 ~]# yum install spice-protocol spice-server -y
Loaded plugins: langpacks, product-id, search-disabled-repos, subscription-manager
This system is not registered to Red Hat Subscription Management. You can use subscr
Package spice-protocol-0.12.11-1.el7.noarch already installed and latest version
Package spice-server-0.12.4-19.el7.x86_64 already installed and latest version
Nothing to do
[root@node1 ~]#
```

图 6-79 安装 SPICE 服务器端

(2)在虚拟机 Windows 7 的详情页面上,如图 6-80 所示,选择 Display Spice,右边面板是对 Spice Server 进行详细配置,类型选择 Spice Server,地址选择 All interfaces,端口与 TLS 端口都选择 Auto。需要注意的是,这些设置要在虚拟机关机的状态下修改。

(3)在客户端上,需要下载 virt-viewer,如图 6-81 所示,可以在网站上下载,网址为https://www.spice-space.org/download.html,选择此页面的 virt-viewer 行的超链接进行下载。

(4)安装 virt-viewer,如图 6-82 所示是安装完成后打开的 virt-viewer 的 Windows 界面,在连接地址中输入 spice://192.168.100.145:5900,然后单击 Connect 按钮,进行连接。

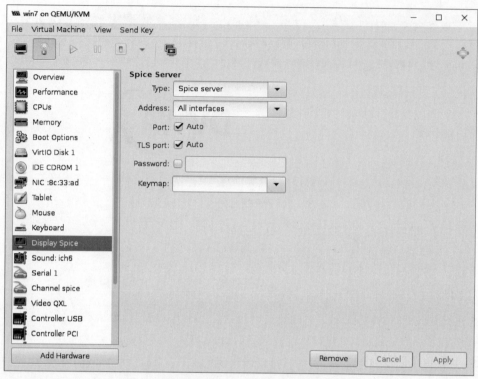

图 6-80　在虚拟机 win7 详情页面上设置 Spice

Windows installers

- virt-viewer Windows installer - can be downloaded from virt-manager download page
- UsbDk - A Windows filter driver developed for Spice USB redirection (windows client side) - UsbDk_1.0.21_x64.msi, UsbDk_1.0.21_x86.msi, (source code)
  - https://gitlab.freedesktop.org/spice/win32/usbdk

图 6-81　下载 virt-viewer

图 6-82　virt-viewer 的 Windows 客户端

（5）连接完成后，就出现了如图 6-83 所示的界面，此时，选择系统中某一个用户进行登录，就可以当作自己的桌面来使用了。

图 6-83　使用 virt-viewer 连接 Window 7 桌面

6.4　本章实验

6.4.1　实验目的

➢ 掌握 Linux 镜像的制作以及测试。
➢ 掌握 Windows 镜像的制作以及测试。
➢ 掌握桌面虚拟化的配置以及使用。

6.4.2　实验环境

在安装 KVM 的宿主机 node1 上安装 KVM。

6.4.3　实验拓扑

实验拓扑图如图 6-84 所示。

RHEL7	Windows 7		
vm01	vm02	vm03	vm04
RHEL7(KVM)			
node1			
VMware Workstation			
Windows 10			
Hardware			

图 6-84   实验拓扑图

6.4.4   实验内容

如图 6-84 所示,对安装 KVM 的宿主机 node1 的虚拟机来制作镜像与桌面虚拟化操作,具体如下:

(1) 在虚拟机 vm01 上对 RHEL7 制作镜像,并对制作的镜像进行压缩以及测试。

(2) 在虚拟机 vm02 上安装 Windows 7,对 Windows 7 制作镜像,并对制作的镜像进行压缩以及测试。

(3) 对 vm02 上的 Windows 7 进行桌面虚拟化配置,要求在宿主机上使用 virt-viewer 的桌面客户端软件能访问到 vm02 上的 Windows 7。

想一想与试一试:

在虚拟机 vm02 上安装 Windows 7 的时候,为什么网卡以及磁盘都选择 virtio 的驱动,如果磁盘使用默认的 IDE 接口,会出现什么情况,试一试。

第 **7** 章

KVM存储管理

KVM 存储池就是一个大的容器,里面主要是虚拟机的镜像文件,以及其他的磁盘相关的文件。当磁盘空间不够时,需要进行添加与管理,KVM 虚拟机提供了很多方法,本章主要介绍两种方法,一种是本地的分区来作为存储池,一种是 NFS 服务器提供的共享来作为存储池。

▶ 学习目标:
- 掌握如何使用分区来创建 KVM 存储池。
- 掌握如何使用 NFS 服务器提供的共享来创建 KVM 存储池。

7.1 使用分区来创建存储池

7.1.1 准备一个格式化的分区

下面新建一个 1GB 的分区/dev/sda5 来创建存储池,具体的操作步骤如下:

(1) 查看磁盘是否有空闲的空间,如图 7-1 所示,sda3 的结束 sectors 还没有到此磁盘的最后 sectors,因此还可以创建分区。

```
[root@node1 ~]# fdisk -l /dev/sda

Disk /dev/sda: 107.4 GB, 107374182400 bytes, 209715200 sectors
Units = sectors of 1 * 512 = 512 bytes
Sector size (logical/physical): 512 bytes / 512 bytes
I/O size (minimum/optimal): 512 bytes / 512 bytes
Disk label type: dos
Disk identifier: 0x00043a2f

   Device Boot      Start         End      Blocks   Id  System
/dev/sda1   *        2048     2099199     1048576   83  Linux
/dev/sda2         2099200    18616319     8258560   82  Linux swap / Solaris
/dev/sda3        18616320   186388479    83886080   83  Linux
```

图 7-1　查看磁盘是否有空闲的空间

（2）使用 fdisk 对磁盘进行分区，如图 7-2 所示，新建一个 1GB 的逻辑分区 /dev/sda5。

```
[root@node1 ~]# fdisk /dev/sda
Welcome to fdisk (util-linux 2.23.2).

Changes will remain in memory only, until you decide to write them.
Be careful before using the write command.


Command (m for help): n
Partition type:
   p   primary (3 primary, 0 extended, 1 free)
   e   extended
Select (default e):
Using default response e
Selected partition 4
First sector (186388480-209715199, default 186388480):
Using default value 186388480
Last sector, +sectors or +size{K,M,G} (186388480-209715199, default 209715199):
Using default value 209715199
Partition 4 of type Extended and of size 11.1 GiB is set

Command (m for help): n
All primary partitions are in use
Adding logical partition 5
First sector (186390528-209715199, default 186390528):
Using default value 186390528
Last sector, +sectors or +size{K,M,G} (186390528-209715199, default 209715199): +1G
Partition 5 of type Linux and of size 1 GiB is set

Command (m for help): w
The partition table has been altered!

Calling ioctl() to re-read partition table.

WARNING: Re-reading the partition table failed with error 16: Device or resource busy.
The kernel still uses the old table. The new table will be used at
the next reboot or after you run partprobe(8) or kpartx(8)
Syncing disks.
```

图 7-2　新建分区

（3）使新建的分区生效，如图 7-3 所示，并查看新的分区。

```
[root@node1 ~]# partprobe /dev/sda
[root@node1 ~]#
[root@node1 ~]# fdisk -l /dev/sda

Disk /dev/sda: 107.4 GB, 107374182400 bytes, 209715200 sectors
Units = sectors of 1 * 512 = 512 bytes
Sector size (logical/physical): 512 bytes / 512 bytes
I/O size (minimum/optimal): 512 bytes / 512 bytes
Disk label type: dos
Disk identifier: 0x00043a2f

   Device Boot      Start         End      Blocks   Id  System
/dev/sda1   *        2048     2099199     1048576   83  Linux
/dev/sda2         2099200    18616319     8258560   82  Linux swap / Solaris
/dev/sda3        18616320   186388479    83886080   83  Linux
/dev/sda4       186388480   209715199    11663360    5  Extended
/dev/sda5       186390528   188487679     1048576   83  Linux
[root@node1 ~]#
```

图 7-3　查看新的分区

（4）对分区进行格式化，如图 7-4 所示，将分区格式化成 xfs 的类型。

```
[root@node1 ~]# mkfs.xfs /dev/sda5
meta-data=/dev/sda5              isize=512    agcount=4, agsize=65536 blks
         =                       sectsz=512   attr=2, projid32bit=1
         =                       crc=1        finobt=0, sparse=0
data     =                       bsize=4096   blocks=262144, imaxpct=25
         =                       sunit=0      swidth=0 blks
naming   =version 2              bsize=4096   ascii-ci=0 ftype=1
log      =internal log           bsize=4096   blocks=2560, version=2
         =                       sectsz=512   sunit=0 blks, lazy-count=1
realtime =none                   extsz=4096   blocks=0, rtextents=0
[root@node1 ~]#
```

图 7-4 对分区进行格式化

7.1.2 将分区添加到存储池中

分区创建完成之后，就将分区添加到存储池中去，具体操作步骤如下：

（1）如图 7-5 所示，选择菜单栏 Edit 中 Connection Detials 选项，进入连接详情页面。

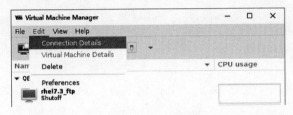

图 7-5 连接详情页面

（2）在连接详情页面，选择 Storage 选项卡，如图 7-6 所示，此时发现有一个默认的存储池 default。

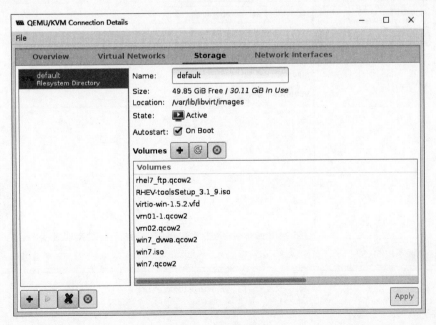

图 7-6 Storage 面板

（3）单击图 7-6 左下角的"十"按钮，新建存储池，如图 7-7 所示，在 Name 文本框中输入 win_storage_pool，类型选择 fs：Pre-Formatted Block Device。

（4）配置存储池，如图 7-8 所示，在 Target Path 中选择/var/lib/libvirt/images/win_storage_pool，在 Source Path 中选择/dev/sda5，单击 Finish 按钮，完成存储池的配置。

图 7-7　新建存储池

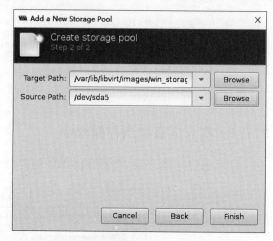

图 7-8　配置存储池的源与目标

（5）在存储面板中，发现多了一个存储 win_storage_pool，如图 7-9 所示，大小约 1000MB。

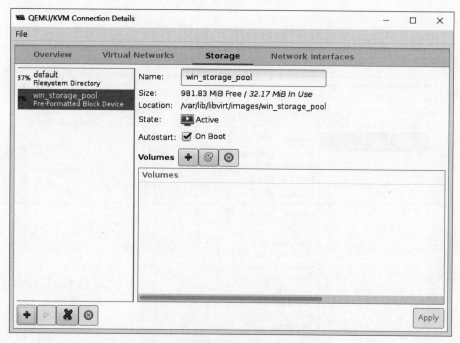

图 7-9　查看存储 win_storage_pool

（6）通过在宿主机上的 df 命令查看，如图 7-10 所示，发现设备/dev/sda5 已经挂载到目录/var/lib/libvirt/images/win_storage_pool 了。

```
[root@node1 ~]# df -h
Filesystem      Size  Used Avail Use% Mounted on
/dev/sda3        80G   31G   50G  38% /
devtmpfs        3.9G     0  3.9G   0% /dev
tmpfs           3.9G   84K  3.9G   1% /dev/shm
tmpfs           3.9G  9.0M  3.9G   1% /run
tmpfs           3.9G     0  3.9G   0% /sys/fs/cgroup
/dev/loop0      3.6G  3.6G     0 100% /var/ftp/dvd
/dev/sda1      1014M  154M  861M  16% /boot
tmpfs           797M   16K  797M   1% /run/user/42
tmpfs           797M  8.0K  797M   1% /run/user/0
/dev/sda5      1014M   33M  982M   4% /var/lib/libvirt/images/win_storage_pool
[root@node1 ~]#
```

图 7-10　查看挂载情况

（7）查看存储池的配置文件，如图 7-11 所示，如果有需要，也可以通过配置文件的方法新建存储池。

```
[root@node1 ~]# cat /etc/libvirt/storage/autostart/win_storage_pool.xml
<!--
WARNING: THIS IS AN AUTO-GENERATED FILE. CHANGES TO IT ARE LIKELY TO BE
OVERWRITTEN AND LOST. Changes to this xml configuration should be made using:
  virsh pool-edit win_storage_pool
or other application using the libvirt API.
-->

<pool type='fs'>
  <name>win_storage_pool</name>
  <uuid>0ec4ddb3-29c2-40a8-b4d3-76009319448b</uuid>
  <capacity unit='bytes'>0</capacity>
  <allocation unit='bytes'>0</allocation>
  <available unit='bytes'>0</available>
  <source>
    <device path='/dev/sda5'/>
    <format type='auto'/>
  </source>
  <target>
    <path>/var/lib/libvirt/images/win_storage_pool</path>
  </target>
</pool>
[root@node1 ~]#
```

图 7-11　查看存储池的配置文件

（8）在存储池中，单击 Volumes 旁边的"＋"，可以创建新的卷，如图 7-12 所示，卷其实就是磁盘文件，可以使用此卷来创建新的虚拟机，或者使用此卷添加到其他的虚拟机中，如图 7-13 所示，win7.qcow2 就是新创建的卷。

（9）查看存储池中的卷，如图 7-14 所示，显示卷的具体信息。

（10）通过命令方式查看存储池，如图 7-15 所示。

（11）通过命令方式查看 win_storage_pool 存储池的详细情况，如图 7-16 所示。

图 7-12　创建新的卷

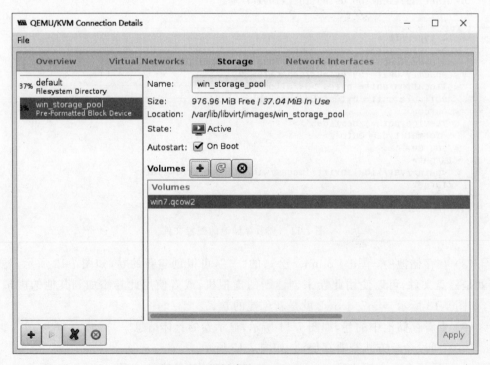

图 7-13　新创建的卷 win7.qcow2

```
[root@node1 ~]# ll -h /var/lib/libvirt/images/win_storage_pool/
total 4.1M
-rw-------. 1 root root 21G Feb 18 11:49 win7.qcow2
[root@node1 ~]#
[root@node1 ~]# qemu-img info /var/lib/libvirt/images/win_storage_pool/win7.qcow2
image: /var/lib/libvirt/images/win_storage_pool/win7.qcow2
file format: qcow2
virtual size: 20G (21474836480 bytes)
disk size: 4.1M
cluster_size: 65536
Format specific information:
    compat: 1.1
    lazy refcounts: true
[root@node1 ~]#
```

图 7-14 查看存储池中的卷

```
[root@node1 ~]# virsh pool-list
 Name                State      Autostart
-------------------------------------------
 default             active     yes
 win_storage_pool    active     yes

[root@node1 ~]#
```

图 7-15 通过命令方式查看存储池

```
[root@node1 ~]# virsh pool-info win_storage_pool
Name:           win_storage_pool
UUID:           0ec4ddb3-29c2-40a8-b4d3-76009319448b
State:          running
Persistent:     yes
Autostart:      yes
Capacity:       1014.00 MiB
Allocation:     37.04 MiB
Available:      976.96 MiB

[root@node1 ~]#
```

图 7-16 查看 win_storage_pool 存储池的详细情况

7.2 使用 NFS 分区来创建存储池

7.2.1 准备一个 NFS 共享

在一台主机上部署一台 NFS 服务器,分享一个共享的文件系统,然后将此共享分享给 KVM 虚拟机,作为 KVM 虚拟机的存储池。NFS 服务器的 IP 地址为 192.168.100.150/24, 主机名为 storage。具体操作步骤如下:

(1)完成基本配置,包括防火墙、SELINUX、IP 地址、主机名、软件仓库等配置,此处就不再介绍了,可以参考前面章节。

(2)安装 NFS 服务器端软件,如图 7-17 所示,NFS 软件包是 nfs-utils。

(3)创建共享目录/kvm/images,如图 7-18 所示,设置其权限,让 qemu 用户也具有写的权限。

```
[root@storage ~]# yum install nfs-utils -y
Loaded plugins: langpacks, product-id, search-disabled-repos, subscription-manager
This system is not registered to Red Hat Subscription Management. You can use subscription-manager to register.
Package 1:nfs-utils-1.3.0-0.33.el7.x86_64 already installed and latest version
Nothing to do
[root@storage ~]#
```

图 7-17　安装 NFS 服务器端软件

```
[root@storage ~]# mkdir -p /kvm/images
[root@storage ~]#
[root@storage ~]# ll -d /kvm/images/
drwxr-xr-x. 2 root root 6 Feb 18 17:33 /kvm/images/
[root@storage ~]#
[root@storage ~]# chmod o+w /kvm/images/
[root@storage ~]#
[root@storage ~]# ll -d /kvm/images/
drwxr-xrwx. 2 root root 6 Feb 18 17:33 
```

图 7-18　创建共享目录/kvm/images

（4）配置 NFS 服务器，如图 7-19 所示，使得目录/kvm/images 共享给网段 192.168.100.0/24 的用户可以读写操作。

```
[root@storage ~]# cat /etc/exports
/kvm/images     192.168.100.0/24(rw,no_root_squash)
[root@storage ~]#
```

图 7-19　配置 NFS 服务器

（5）启动 NFS 服务器，如图 7-20 所示。

```
[root@storage ~]# systemctl restart rpcbind
[root@storage ~]# systemctl restart nfs-server
[root@storage ~]#
```

图 7-20　启动 NFS 服务器

（6）在 KVM 宿主机上查看 storage 主机上的共享情况，如图 7-21 所示，发现可以访问其共享了。

```
[root@node1 ~]# showmount -e 192.168.100.150
Export list for 192.168.100.150:
/kvm/images 192.168.100.0/24
[root@node1 ~]#
```

图 7-21　查看 storage 主机上的共享情况

7.2.2　将 NFS 共享添加到存储池中

如果要使用 NFS 服务器提供的共享，必须将 NFS 共享添加到存储池中，其具体操作步骤如下：

（1）如图 7-22 所示，新建一个存储池，在 Name 文本框中输入 kvm_share_storage，在 Type 中选择 netfs：Network Exported Directory，单击 Forward 按钮。

图 7-22　新建一个 NFS 共享的存储池

（2）配置存储池具体的参数，如图 7-23 所示，在 Target Path 中选择/var/lib/libvirt/images/kvm＿share＿storage，在 Host Name 文本框中输入 NFS 服务器的 IP 地址 192.168.100.150，在 Source Path 中选择/kvm/images，单击 Finish 按钮完成配置。

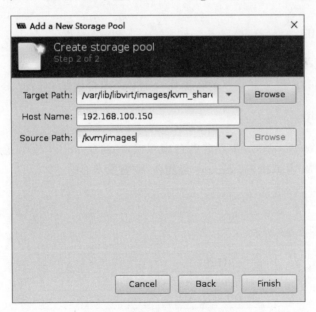

图 7-23　配置存储池具体的参数

（3）返回到连接详情的 Storage 选项卡，如图 7-24 所示，可以看到新的存储池 kvm＿share_storage。

图 7-24　查看新的存储池 kvm_share_storage

7.3　本章实验

7.3.1　实验目的

➢ 掌握使用本地分区作为 KVM 虚拟机的存储池。
➢ 掌握使用 NFS 服务器共享的存储作为 KVM 虚拟机的存储池。

7.3.2　实验环境

在 VMware Workstation 中新建两台虚拟机,一台是 node1,另一台是 storage。其中 node1 是提供 KVM 虚拟机的,storage 是提供 NFS 服务的。

7.3.3　实验拓扑

实验拓扑如图 7-25 所示。

RHEL7	
vm01	
RHEL7(KVM)	RHEL7
node1	storage
VMware Workstation	
Windows 10	
Hardware	

图 7-25　实验拓扑图

7.3.4 实验内容

如图 7-25 所示,在 node1 上创建两个存储池,一个是使用分区来进行创建,一个是使用 NFS 服务提供的存储来进行创建。

(1) 在宿主机 RHEL7 上新建一个 10GB 的分区,并且格式化,然后在 virt-manager 工具上使用此分区新建一个存储池。

(2) 在 vm02 的虚拟机 RHEL7 中,搭建一台 NFS 服务器,然后在 virt-manager 工具上使用此 NFS 服务器新建一个存储池。

想一想与试一试:

创建存储池还有其他方法吗? 如果有,试一试。

第 **8** 章

KVM虚拟机的迁移

当一台宿主机的资源比较紧张或达到某一阈值的时候,就需要把此宿主机上的虚拟机迁移到其他资源不紧张的宿主机上,迁移时有两种方法,一种是冷迁移(也称为静态迁移或线下迁移),另一种是热迁移(也称为动态迁移或线上迁移)。

➤ **学习目标:**
- 掌握如何实现冷迁移。
- 掌握如何实现热迁移。

8.1 静态迁移虚拟机

静态迁移是指在虚拟机关闭的情况下,将一个虚拟机系统从一台物理主机移动到另一台物理主机的过程。静态迁移实际上是复制虚拟机虚拟磁盘文件与配置文件到另一台物理主机中。下面以迁移虚拟机 vm01 为例,介绍虚拟机 vm01 从宿主机 node1 (192.168.100.145)迁移到宿主机 node2(192.168.100.146)的具体操作步骤。

(1) 查看虚拟机 vm01 的状态,如图 8-1 所示,发现 vm01 是关闭的,并且查看虚拟机 vm01 的磁盘文件。

(2) 生成虚拟机的配置文件 vm01.xml,如图 8-2 所示,采用 dumpxml 命令生成。

(3) 将虚拟机的配置文件 vm01.xml 迁移到另一台宿主机 node2 上的虚拟机配置文件所在的目录/etc/libvirt/qemu 下,如图 8-3 所示。

(4) 将虚拟机的硬盘文件 vm01-1.qcow2 迁移到另一台宿主机 node2 上的虚拟机硬盘文件所在的目录/var/lib/libvirt/images/下,如图 8-4 所示。

(5) 在宿主机 node2 上查看虚拟机的状态,如图 8-5 所示,发现并没有 vm01。

```
[root@node1 ~]# virsh list --all
 Id    Name                        State
----------------------------------------------------
 -     rhel7.3_ftp                 shut off
 -     vm01                        shut off
 -     vm02                        shut off
 -     win7                        shut off
 -     win7_dvwa                   shut off

[root@node1 ~]#
[root@node1 ~]#
[root@node1 ~]# virsh domblklist vm01
Target      Source
----------------------------------------------------
vda         /var/lib/libvirt/images/vm01-1.qcow2
```

图 8-1　查看虚拟机 vm01 的状态

```
[root@node1 ~]# virsh dumpxml vm01 > vm01.xml
[root@node1 ~]#
[root@node1 ~]# ll vm01.xml
-rw-r--r--. 1 root root 3760 Feb 18 18:08 vm01.xml
[root@node1 ~]#
```

图 8-2　生成虚拟机的配置文件 vm01.xml

```
[root@node1 ~]# scp vm01.xml root@192.168.100.146:/etc/libvirt/qemu/
root@192.168.100.146's password:
vm01.xml                                                        100% 3760
[root@node1 ~]#
```

图 8-3　迁移虚拟机的配置文件

```
[root@node1 ~]# scp /var/lib/libvirt/images/vm01-1.qcow2 root@192.168.100.146:/var/lib/libvirt/images/
root@192.168.100.146's password:
vm01-1.qcow2                                      100% 9218MB  18.9MB/s    08:08
[root@node1 ~]#
```

图 8-4　迁移虚拟机的硬盘文件

```
[root@node2 images]# virsh list --all
 Id    Name                        State
----------------------------------------------------
 -     rhel7.3_ftp                 shut off
 -     vm02                        shut off
 -     win7                        shut off
 -     win7_dvwa                   shut off

[root@node2 images]#
```

图 8-5　在宿主机 node2 上查看虚拟机

（6）确认虚拟机的文件是否到位，如图 8-6 所示，发现配置文件与磁盘文件都已经就绪。

（7）在 node2 上定义虚拟机，如图 8-7 所示，发现 vm01 已经被迁移到了 node2 上了，并且可以正常启动。

```
[root@node2 images]# ll /etc/libvirt/qemu/vm01.xml
-rw-r--r--. 1 root root 3760 Feb 18 18:30 /etc/libvirt/qemu/vm01.xml
[root@node2 images]#
[root@node2 images]# ll /var/lib/libvirt/images/vm01-1.qcow2
-rw-------. 1 root root 9665380864 Feb 18 18:20 /var/lib/libvirt/images/vm01-1.qcow2
[root@node2 images]#
```

图 8-6　确认虚拟机的文件是否到位

```
[root@node2 ~]# virsh define /etc/libvirt/qemu/vm01.xml
Domain vm01 defined from /etc/libvirt/qemu/vm01.xml

[root@node2 ~]# virsh list --all
 Id    Name                           State
----------------------------------------------------
 -     rhel7.3_ftp                    shut off
 -     vm01                           shut off
 -     vm02                           shut off
 -     win7                           shut off
 -     win7_dvwa                      shut off

[root@node2 ~]#
[root@node2 ~]# virsh start vm01
Domain vm01 started

[root@node2 ~]# virsh list
 Id    Name                           State
----------------------------------------------------
 1     vm01                           running

[root@node2 ~]#
```

图 8-7　虚拟机 vm01 迁移成功

8.2　动态迁移虚拟机

在保证虚拟机上服务正常运行的同时,将一个虚拟机系统从一台物理主机移动到另一台物理主机的过程,是基于共享存储的,在共享存储上保存着虚拟机的磁盘文件,因此,下面先讲解共享存储上安装操作系统,再来实现动态迁移。

8.2.1　在共享存储上安装操作系统

(1) 新建虚拟机,如图 8-8 所示,选择网络的方式安装操作系统,单击 Forward 按钮。

(2) 提供操作系统的 URL,如图 8-9 所示,URL 为 ftp://192.168.100.145/dvd/。选择操作系统的类型与版本,类型为 Linux,版本为 Red Hat Enterprise Linux 7.3。

(3) 选择安装到磁盘的位置,如图 8-10 所示,选择存储池 kvm_share_storage,单击 Volumes 旁边的"+",新建一个卷作为虚拟机的磁盘文件,如图 8-11 所示,在 Name 文本框中输入 vm03.qcow2,大小为 20GB,操作完成后,返回存储池界面,如图 8-12 所示,就会出现新建的卷了。

(4) 存储配置完成后,如图 8-13 所示,显示具体的配置信息,单击 Forward 按钮。

图 8-8　选择网络的方式安装操作系统

图 8-9　提供操作系统的相关配置

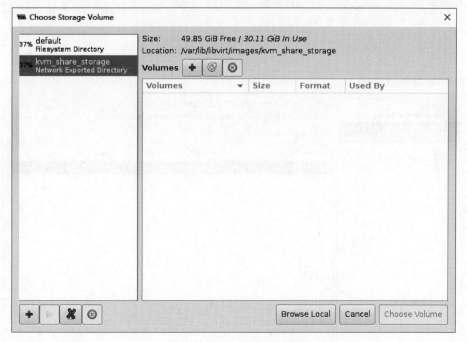

图 8-10　选择共享的存储池

（5）准备安装前的最后配置，如图 8-14 所示，输入虚拟机的名字 vm03，单击 Finish 按钮，开始进行 vm03 的安装。

（6）安装 RHEL7 后，进入虚拟机 vm03，如图 8-15 所示，并且已经获取了 IP 地址 192.168.100.152/24。

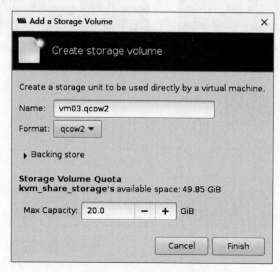

图 8-11　新文件一个卷

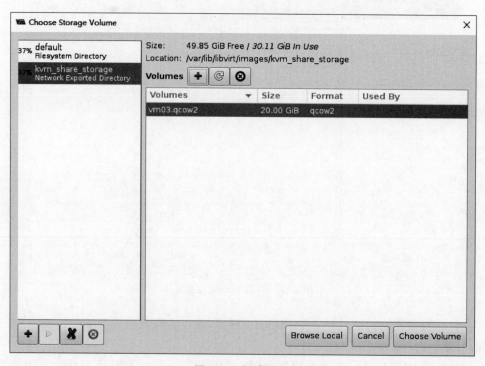

图 8-12　新建的卷

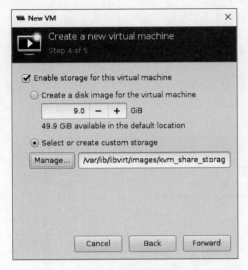

图 8-13　配置存储

图 8-14　准备安装前的最后配置

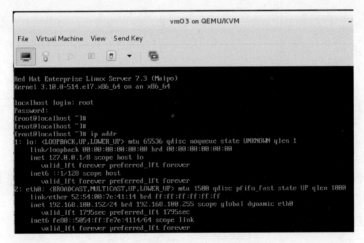

图 8-15　虚拟机 vm03 已安装完成

8.2.2　在线迁移

在线迁移虚拟机 vm03 的环境如表 8-1 所示。

表 8-1　在线迁移虚拟机 vm03 的环境

迁移信息	node1	node2	storage
OS 版本	RHEL7.3	RHEL7.3	RHEL7.3
IP 地址	192.168.100.145/24	192.168.100.146/24	192.168.100.150/24
迁移的虚拟机	vm03		
vm03 的 IP 地址	192.168.100.152/24		
vm03 的磁盘文件	/var/lib/libvirt/images/kvm_share_storage/vm03.qcow2		
nfs 共享目录			/kvm/images
nfs 挂载目录	/var/lib/libvirt/images/kvm_share_storage/		

下面讲解具体的操作步骤。

(1) 在 node2 上创建存储池,如图 8-16 所示,配置完成后,在 kvm_share_storage 存储池中也发现有 vm03.qcow2,因为现在是 nfs 提供的共享存储,所以在两个节点发现的是一样的。

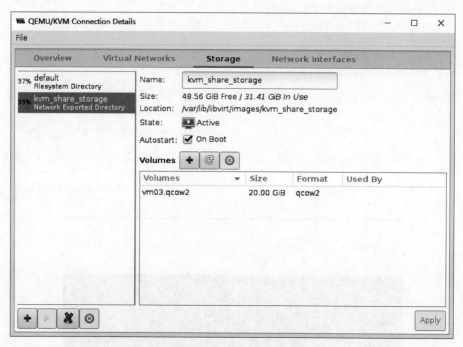

图 8-16 在 node2 上创建存储池

(2) 在两台宿主机上查看虚拟机,如图 8-17 所示,虚拟机 vm03 正在运行,如图 8-18 所示,虚拟机并没有在 node2 上运行。

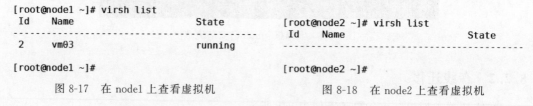

图 8-17 在 node1 上查看虚拟机   图 8-18 在 node2 上查看虚拟机

(3) 在线迁移虚拟机,如图 8-19 所示,使用 migrate 命令进行迁移,--live 选项是指在线迁移,--verbose 选项会显示进度,vm03 选项是指要迁移的虚拟机,后面两个 URL 是指使用 TCP 的 SSH 协议来进行迁移。

(4) 在宿主机 node2 上查看虚拟机,如图 8-20 所示,发现虚拟机 vm03 已经迁移到 node2 上,并且正在运行。由于配置文件并没有迁移过来,所以要生成新的配置文件。

(5) 在迁移的过程中测试可用性,如图 8-21 所示,在存储节点上一直 ping 虚拟机 vm03 的 IP 地址 192.168.100.152,发现没有丢一个包,只有第 12 个包的延迟(640ms)大了些,不到 1s 的延迟还是能接受的。

```
[root@node1 ~]# virsh migrate --live --verbose vm03 qemu+ssh://192.168.100.146/system tcp://192.168.100.146 --unsafe
root@192.168.100.146's password:
Migration: [100 %]
[root@node1 ~]#
[root@node1 ~]#
[root@node1 ~]# virsh list
 Id   Name                    State
----------------------------------------------------

[root@node1 ~]#
```

图 8-19 在线迁移虚拟机 vm03

```
[root@node2 ~]# virsh list
 Id    Name                       State
----------------------------------------------------
 2     vm03                       running

[root@node2 ~]#
[root@node2 ~]#
[root@node2 ~]# ll /etc/libvirt/qemu
total 28
drwxr-xr-x. 2 root root    6 Feb 16 16:24 autostart
drwx------. 3 root root   59 Feb 16 18:53 networks
-rw-------. 1 root root 3998 Feb 17 09:51 rhel7.3_ftp.xml
-rw-------. 1 root root 3981 Feb 18 18:31 vm01.xml
-rw-------. 1 root root 3979 Feb 17 08:06 vm02.xml
-rw-------. 1 root root 4128 Feb 17 18:42 win7_dvwa.xml
-rw-------. 1 root root 4382 Feb 17 16:05 win7.xml
[root@node2 ~]#
[root@node2 ~]# virsh dumpxml vm03 > /etc/libvirt/qemu/vm03.xml
[root@node2 ~]#
[root@node2 ~]# virsh define /etc/libvirt/qemu/vm03.xml
Domain vm03 defined from /etc/libvirt/qemu/vm03.xml

[root@node2 ~]#
```

图 8-20 在宿主机 node2 上查看虚拟机

```
[root@storage ~]# ping 192.168.100.152
PING 192.168.100.152 (192.168.100.152) 56(84) bytes of data.
64 bytes from 192.168.100.152: icmp_seq=1 ttl=64 time=21.2 ms
64 bytes from 192.168.100.152: icmp_seq=2 ttl=64 time=2.42 ms
64 bytes from 192.168.100.152: icmp_seq=3 ttl=64 time=1.66 ms
64 bytes from 192.168.100.152: icmp_seq=4 ttl=64 time=1.95 ms
64 bytes from 192.168.100.152: icmp_seq=5 ttl=64 time=4.33 ms
64 bytes from 192.168.100.152: icmp_seq=6 ttl=64 time=1.21 ms
64 bytes from 192.168.100.152: icmp_seq=7 ttl=64 time=1.64 ms
64 bytes from 192.168.100.152: icmp_seq=8 ttl=64 time=1.26 ms
64 bytes from 192.168.100.152: icmp_seq=9 ttl=64 time=2.48 ms
64 bytes from 192.168.100.152: icmp_seq=10 ttl=64 time=130 ms
64 bytes from 192.168.100.152: icmp_seq=11 ttl=64 time=19.2 ms
64 bytes from 192.168.100.152: icmp_seq=12 ttl=64 time=640 ms
64 bytes from 192.168.100.152: icmp_seq=13 ttl=64 time=0.550 ms
64 bytes from 192.168.100.152: icmp_seq=14 ttl=64 time=3.12 ms
64 bytes from 192.168.100.152: icmp_seq=15 ttl=64 time=1.84 ms
64 bytes from 192.168.100.152: icmp_seq=16 ttl=64 time=1.47 ms
64 bytes from 192.168.100.152: icmp_seq=17 ttl=64 time=1.85 ms
^C
--- 192.168.100.152 ping statistics ---
17 packets transmitted, 17 received, 0% packet loss, time 16027ms
rtt min/avg/max/mdev = 0.550/49.288/640.641/150.908 ms
[root@storage ~]#
```

图 8-21 测试可用性

8.3 本章实验

8.3.1 实验目的

➤ 掌握动态迁移虚拟机。

8.3.2 实验环境

在 VMware Workstation 中新建三台虚拟机,分别是 node1、node2 以及 storage。其中 node1 与 node2 是提供 KVM 虚拟机的,storage 是提供共享存储的。

8.3.3 实验拓扑

实验拓扑图如图 8-22 所示。

RHEL7		
vm01		
RHEL7(KVM)	RHEL7(KVM)	RHEL7
node1	node2	storage
VMware Workstation		
Windows 10		
Hardware		

图 8-22 实验拓扑图

8.3.4 实验内容

如图 8-22 所示,虚拟机 storage 提供共享存储,保存虚拟机 vm01 的镜像文件,将虚拟机 vm01 从宿主机 node1 在线迁移到宿主机 node2 上。

看一看:

在动态迁移虚拟机的时候,仔细观察虚拟机 vm01 的服务是否被中断了。

第二部分　容　器

第**9**章

使用Docker管理Linux容器

Linux 容器相对 KVM 虚拟机来讲,不仅启动速度快、发布容易,而且更节省主机的资源。管理容器的工具为 Docker,本章将讲解如何使用 Docker 对镜像与容器进行管理。

❥ **学习目标:**
- 了解容器相关概念。
- 掌握如何使用 Docker 管理镜像。
- 掌握如何使用 Docker 管理容器。

9.1 Docker 概述

9.1.1 了解 Docker

Docker 是 PaaS 提供商 dotCloud 开源的一个基于 LXC 的高级容器引擎,源代码托管在 Github 上,基于 Go 语言并遵从 Apache 2.0 协议开源。

Docker 使开发者可以打包他们的应用以及依赖软件到某个镜像中,此镜像可以发布到任何流行的 Linux 机器上。容器完全使用沙箱机制,相互之间不会有任何接口。Docker 是一种轻量级的虚拟化技术,如图 9-1 所示,传统的虚拟化是虚拟 GuestOS 的,而容器是直接运行在 HostOS 上,直接依赖于主机的内核,如此一来,它就可以轻装上阵,可以节省很多的硬件资源,因此容器也称为轻量级的虚拟化技术,在传统的虚拟化主机上运行 10 个虚拟机,就有可能在轻量级的虚拟化主机上运行上百个。

9.1.2 Docker 三个概念之间的关系

Docker 虚拟化有三个重要的概念:镜像、容器与仓库。

APP1	APP2	……
GuestOS1	GuestOS2	……
Hypervisor(宿主机型)		
HostOS		
Hardware		

传统虚拟化技术

APP1	APP2	……
运行环境(Bins/Libs)		
Docker 引擎		
HostOS		
Hardware		

容器技术

图 9-1　容器技术与传统虚拟化技术之间的区别

(1) 镜像。Docker 镜像可以看作是一个特殊的文件系统,除了提供容器运行时所需的程序、库、资源、配置等文件外,还包含了为运行时准备的一些配置参数(如匿名卷、环境变量、用户等)。镜像不包含任何动态数据,其内容在构建之后也不会被改变。镜像是用于快速部署容器的一个模板,可以分为基础镜像(如 centos)与用户镜像(httpd、MySQL)。

(2) 容器。容器是一种轻量级的应用程序隔离机制,允许内核自身隔离用户空间运行的数组进程。它有自身的进程列表、网络、文件系统等资源,但是与主机共享内核。

(3) 仓库。镜像仓库是 Docker 用来集中存放镜像文件的地方,有公有仓库与私有仓库。

这三者之间的关系如图 9-2 所示,可以通过 Dockerfile 生成镜像文件,当镜像运行起来就是一个容器,镜像是静态的,容器是动态的,可以停止、启动、重启容器,当对容器做了一些配置之后,也可以把此容器提交成一个镜像,然后把镜像放到镜像仓库里,供其他用户使用。

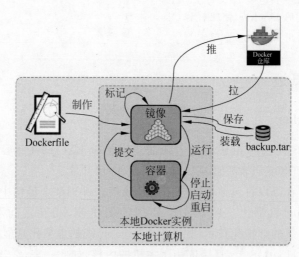

图 9-2　镜像与容器之间的关系

9.2　使用 Docker 管理镜像

对于镜像,常见的操作如下:

(1) 安装操作系统,如图 9-3 所示,此时安装的是 CentOS 7.4,因为 CentOS 有着丰

富的软件仓库,方便后续安装 Docker 相关的
软件。

（2）初始化配置,如图 9-4 所示,主要包括
关闭防火墙、SELINUX。

```
[root@wyl ~]# cat /etc/redhat-release
CentOS Linux release 7.4.1708 (Core)
[root@wyl ~]#
```

图 9-3　安装 CentOS7.4

```
[root@wyl ~]# systemctl status firewalld.service
● firewalld.service - firewalld - dynamic firewall daemon
   Loaded: loaded (/usr/lib/systemd/system/firewalld.service; disabled;
   Active: inactive (dead)
      Docs: man:firewalld(1)
[root@wyl ~]#
[root@wyl ~]#
[root@wyl ~]# getenforce
Permissive
```

图 9-4　配置防火墙与 SELINUX

（3）配置 IP 地址,如图 9-5 所示,其 IP 地址为 192.168.100.140/24,并且可以访问
至互联网。

```
[root@wyl ~]# ip addr show ens33
2: ens33: <BROADCAST,MULTICAST,UP,LOWER_UP> mtu 1500 qdisc pfifo_fast state UP qlen 1000
    link/ether 00:0c:29:97:24:5a brd ff:ff:ff:ff:ff:ff
    inet 192.168.100.140/24 brd 192.168.100.255 scope global ens33
       valid_lft forever preferred_lft forever
    inet6 fe80::20c:29ff:fe97:245a/64 scope link
       valid_lft forever preferred_lft forever
[root@wyl ~]#
[root@wyl ~]# ping -c4 www.baidu.com
PING www.a.shifen.com (183.232.231.172) 56(84) bytes of data.
64 bytes from 183.232.231.172 (183.232.231.172): icmp_seq=1 ttl=128 time=11.5 ms
64 bytes from 183.232.231.172 (183.232.231.172): icmp_seq=2 ttl=128 time=10.5 ms
64 bytes from 183.232.231.172 (183.232.231.172): icmp_seq=3 ttl=128 time=20.5 ms
64 bytes from 183.232.231.172 (183.232.231.172): icmp_seq=4 ttl=128 time=10.1 ms

--- www.a.shifen.com ping statistics ---
4 packets transmitted, 4 received, 0% packet loss, time 3008ms
rtt min/avg/max/mdev = 10.177/13.195/20.508/4.253 ms
[root@wyl ~]#
```

图 9-5　配置网络

（4）配置软件仓库,如图 9-6 所示,使用软件仓库指向安装镜像。

（5）安装 Docker,如图 9-7 所示。

（6）启动并启用 Docker,如图 9-8 所示。

（7）查看镜像,如图 9-9 所示,查找到的第一个镜像 CentOS,是官方的,并且 STARS
也是最多的,镜像在 Docker HUB 上,由于 Docker HUB 的服务器在镜外,访问很慢,因
此在拉镜像的时候出现超时,如图 9-10 所示。

（8）因为一些原因,国内下载 Docker HUB 官方的相关镜像比较慢,可以使用
DaoCloud 镜像加速。打开网站 https://account.daocloud.io/signin,进行注册,然后登
录,如图 9-11 所示,输入注册的用户名和密码。

（9）登录后,如图 9-12 所示,选中"发现镜像"面板,再选中 CentOS 镜像,出现如图 9-13
所示的界面,讲解如何使用此镜像。

```
[root@wyl ~]# lsblk
NAME             MAJ:MIN RM  SIZE RO TYPE MOUNTPOINT
sda               8:0     0  100G  0 disk
├─sda1            8:1     0    1G  0 part /boot
└─sda2            8:2     0   99G  0 part
  ├─centos-root 253:0     0   50G  0 lvm  /
  ├─centos-swap 253:1     0  7.9G  0 lvm  [SWAP]
  └─centos-home 253:2     0 41.1G  0 lvm  /home
sr0              11:0     1  4.2G  0 rom  /mnt
[root@wyl ~]#
[root@wyl ~]# cat /etc/yum.repos.d/aa.repo
[RHEL7]
name=all rhel7 packages
baseurl=file:///mnt/
enabled=1
gpgcheck=0
[root@wyl ~]#
```

图 9-6   配置软件仓库

```
[root@wyl ~]# yum install docker -y
Loaded plugins: fastestmirror, langpacks
RHEL7
Loading mirror speeds from cached hostfile
 * base: mirrors.163.com
 * extras: mirrors.163.com
 * updates: ftp.sjtu.edu.cn
Package 2:docker-1.13.1-108.git4ef4b30.el7.centos.x86_64 already installed and latest version
```

图 9-7   安装 Docker

```
[root@wyl ~]# systemctl start docker
[root@wyl ~]#
[root@wyl ~]# systemctl enable docker
Created symlink from /etc/systemd/system/multi-user.target.wants/docker.service to
ce.
[root@wyl ~]#
```

图 9-8   启动并启用 Docker

```
[root@wyl ~]# docker search centos
INDEX       NAME                                    DESCRIPTION                                      STARS   OFFICIAL   AUTOMATED
docker.io   docker.io/centos                        The official build of CentOS.                    5828    [OK]
docker.io   docker.io/ansible/centos7-ansible       Ansible on Centos7                               128                [OK]
docker.io   docker.io/jdeathe/centos-ssh            OpenSSH / Supervisor / EPEL/IUS/SCL Repos ...    114                [OK]
docker.io   docker.io/consol/centos-xfce-vnc        Centos container with "headless" VNC sessi...    109                [OK]
docker.io   docker.io/centos/mysql-57-centos7       MySQL 5.7 SQL database server                    68
docker.io   docker.io/imagine10255/centos6-lnmp-php56 centos6-lnmp-php56                             58                 [OK]
docker.io   docker.io/tutum/centos                  Simple CentOS docker image with SSH access       45
docker.io   docker.io/centos/postgresql-96-centos7  PostgreSQL is an advanced Object-Relationa...    40
docker.io   docker.io/kinogmt/centos-ssh            CentOS with SSH                                  29                 [OK]
docker.io   docker.io/pivotaldata/centos-gpdb-dev   CentOS image for GPDB development. Tag nam...    10
docker.io   docker.io/guyton/centos6                From official centos6 container with full ...    9                  [OK]
docker.io   docker.io/drecom/centos-ruby            centos ruby                                      6                  [OK]
docker.io   docker.io/centos/tools                  Docker image that has systems administrati...    5                  [OK]
docker.io   docker.io/darksheer/centos              Base Centos Image -- Updated hourly              3                  [OK]
docker.io   docker.io/mamohr/centos-java            Oracle Java 8 Docker image based on Centos 7     3                  [OK]
docker.io   docker.io/pivotaldata/centos            Base centos, freshened up a little with a ...    3
docker.io   docker.io/miko2u/centos6                CentOS6 日本語環境                                  2                             [OK]
docker.io   docker.io/pivotaldata/centos-gcc-toolchain CentOS with a toolchain, but unaffiliated ...  2
docker.io   docker.io/pivotaldata/centos-mingw      Using the mingw toolchain to cross-compile...    2
docker.io   docker.io/blacklabelops/centos          CentOS Base Image! Built and Updates Daily!      1                  [OK]
docker.io   docker.io/indigo/centos-maven           Vanilla CentOS 7 with Oracle Java Developm...    1                  [OK]
docker.io   docker.io/mcnaughton/centos-base        centos base image                                1                  [OK]
docker.io   docker.io/pivotaldata/centos6.8-dev     CentosOS 6.8 image for GPDB development           0
docker.io   docker.io/pivotaldata/centos7-dev       CentosOS 7 image for GPDB development             0
docker.io   docker.io/smartentry/centos             centos with smartentry                           0                  [OK]
[root@wyl ~]#
```

图 9-9   查找 CentOS 镜像

```
[root@wyl ~]# docker pull docker.io/centos
Using default tag: latest
Trying to pull repository docker.io/library/centos ...
Get https://registry-1.docker.io/v2/library/centos/manifests/latest: Get https://auth.docker.io/token?scope=repository%
t canceled while waiting for connection (Client.Timeout exceeded while awaiting headers)
[root@wyl ~]#
```

图 9-10　从仓库里拉镜像至本地

图 9-11　登录 DaoCloud 界面

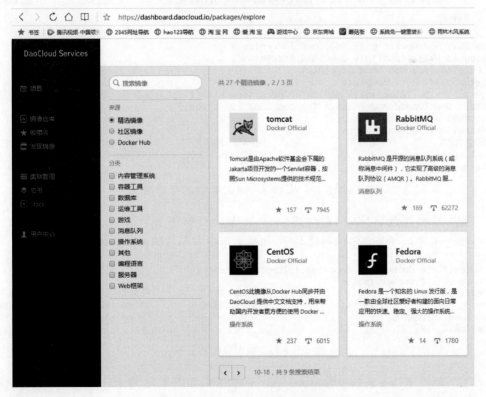

图 9-12　DaoCloud 的服务界面

CentOS

此镜像从Docker Hub同步并由 DaoCloud 提供中文文档支持,用来帮助国内开发者更方便的使用 Docker 镜像。

该镜像源维护在 Github。

CentOS

CentOS 是一个基于 RedHat Linux 提供的可自由使用源代码的企业级 Linux 发行版本。每个版本的 CentOS 都会获得十年的支持 (通过安全更新方式)。一次,而每个版本的 CentOS 会定期 (大概每六个月) 更新一次,以便支持新的硬件。这样,建立一个安全、低维护、稳定、高预测性、高重复性的 Lin Enterprise Operating System 的缩写。

来自百度百科

如何使用这个镜像?

因所有镜像均位于境外服务器,为了确保所有示例能正常运行,DaoCloud 提供了一套境内镜像源,并与官方源保持同步。

持续构建

标签 daocloud.io/centos:latest 总是指向了最新的可用版本。

CentOS 项目会对所有活跃操作系统版本进行定期的更新,这些镜像会每月更新或者针对紧急情况立刻更新。这些持续构建的镜像只会打上主版本标签,比

```
docker pull daocloud.io/centos:6

docker pull daocloud.io/centos:7
```

图 9-13　DaoCloud 里面 CentOS 的镜像介绍

（10）按照 DaoCloud 介绍的方式,如图 9-14 所示,把 CentOS7 镜像拉回至本地,再查看本地镜像。

```
[root@wyl ~]# docker pull daocloud.io/centos:7
Trying to pull repository daocloud.io/centos ...
7: Pulling from daocloud.io/centos
ab5ef0e58194: Pull complete
Digest: sha256:285bc3161133ec01d8ca8680cd746eecbfdbc1faa6313bd863151c4b26d7e5a5
Status: Downloaded newer image for daocloud.io/centos:7
[root@wyl ~]#
[root@wyl ~]# docker images
REPOSITORY            TAG            IMAGE ID           CREATED          SIZE
daocloud.io/centos    7              5e35e350aded       3 months ago     203 MB
[root@wyl ~]#
```

图 9-14　从 DaoCloud 上拉 CentOS 镜像

（11）给镜像改名字,把它改成 centos：latest,如图 9-15 所示,REPOSITORY 与 TAG 加起来才是一个完整的镜像名字,如果不指定 TAG,则默认的名字为 latest。

```
[root@wyl ~]# docker tag daocloud.io/centos:7 centos
[root@wyl ~]# docker images
REPOSITORY            TAG            IMAGE ID           CREATED          SIZE
centos                latest         5e35e350aded       3 months ago     203 MB
daocloud.io/centos    7              5e35e350aded       3 months ago     203 MB
[root@wyl ~]#
```

图 9-15　给镜像改名字

（12）删除刚拉下来的镜像 daocloud.io/centos,如图 9-16 所示。

```
[root@wyl ~]# docker rmi daocloud.io/centos:7
Untagged: daocloud.io/centos:7
Untagged: daocloud.io/centos@sha256:285bc3161133ec01d8ca8680cd746eecbfdbc1faa6313bd863151c4b26d7e5a5
[root@wyl ~]#
[root@wyl ~]# docker images
REPOSITORY              TAG                 IMAGE ID            CREATED             SIZE
centos                  latest              5e35e350aded        3 months ago        203 MB
[root@wyl ~]#
```

图 9-16　删除镜像

9.3　使用 Docker 管理容器

　　镜像已经拉至本地了，那仅有镜像是没有任何意义的，必须把镜像运行起来，当镜像运行起来，它就是一个容器了，下面讲解如何运行镜像以及对它进行管理。

　　（1）运行一个镜像，如图 9-17 所示，-i 选项为交互式，也就是运行镜像可以与镜像运行起来的容器进行管理，-t 选项为开启一个终端，/bin/bash 为提供一个 SHELL。

```
[root@wyl ~]# docker run -i -t centos /bin/bash
[root@5e36e7fa6ea8 /]#
[root@5e36e7fa6ea8 /]# hostname
5e36e7fa6ea8
[root@5e36e7fa6ea8 /]#
```

图 9-17　运行一个镜像

　　（2）在另一个终端查看容器，如图 9-18 所示，另外打开一个终端，通过 ps 命令查看容器。

```
[root@wyl yum.repos.d]# docker ps
CONTAINER ID    IMAGE        COMMAND         CREATED          STATUS          PORTS       NAMES
5e36e7fa6ea8    centos       "/bin/bash"     16 seconds ago   Up 15 seconds               elastic_allen
[root@wyl yum.repos.d]#
```

图 9-18　查看容器

　　（3）当退出容器后，发现容器也消失了，成为了一个不活跃的容器，如图 9-19 所示，-a 选项是查看所有容器。

```
[root@5e36e7fa6ea8 /]# exit
exit
[root@wyl ~]# docker ps
CONTAINER ID        IMAGE        COMMAND         CREATED          STATUS               PORTS
[root@wyl ~]#
[root@wyl ~]# docker ps -a
CONTAINER ID        IMAGE        COMMAND         CREATED          STATUS               PORTS
5e36e7fa6ea8        centos       "/bin/bash"     2 minutes ago    Exited (0) 47 seconds ago
[root@wyl ~]#
```

图 9-19　退出容器后再查看容器

　　（4）启动不活跃的容器，如图 9-20 所示。

```
[root@wyl ~]# docker start 5e36e7fa6ea8
5e36e7fa6ea8
[root@wyl ~]#
[root@wyl ~]# docker ps
CONTAINER ID        IMAGE        COMMAND             CREATED          STATUS
5e36e7fa6ea8        centos       "/bin/bash"         3 minutes ago    Up 6 seconds
[root@wyl ~]#
```

图 9-20　启动不活跃的容器

(5) 进入启动的容器,如图 9-21 所示,但是退出来后,容器又结束了。

```
[ro[root@wyl ~]# docker attach 5e36e7fa6ea8
5e3[root@5e36e7fa6ea8 /]#
[ro[root@5e36e7fa6ea8 /]# exit
[roexit
CON[root@wyl ~]#
5e3[root@wyl ~]# docker ps
[roCONTAINER ID        IMAGE            COMMAND           CREATED          STATUS        ds
   [root@wyl ~]#
```

图 9-21 进入启动的容器

(6) 再次运行容器,如图 9-22 所示,此时,-d 选项表示在后台运行,--restart＝always 选项表示退出容器也会一直运行,--name＝compute 选项表明给容器取的名字为 compute,-h node1 表明容器的主机名为 node1,-p 10001：80 是宿主机的 10001 端口将映射到容器的 80 端口。

```
[root@wyl ~]# docker run -i -t -d --restart=always --name=compute -h node1 -p 10001:80 centos /bin/bash
dbafb2f3dba6eb7f231fbcd94ee55f6c99a75f478be3f51ae91b7df64f7dd005
[root@wyl ~]# docker ps
CONTAINER ID        IMAGE          COMMAND          CREATED          STATUS          PORTS                    NAMES
dbafb2f3dba6          centos          "/bin/bash"        9 seconds ago      Up 7 seconds      0.0.0.0:10001->80/tcp      compute
[root@wyl ~]#
[root@wyl ~]# docker attach compute
[root@node1 /]#
[root@node1 /]# hostname
node1
[root@node1 /]#
```

图 9-22 运行一个容器

(7) 进入容器,如图 9-23 所示,查看 IP 地址,发现没有 ip addr 命令,说明此命令所提供的软件包是没有安装的,因此安装工具 net-tools,再次查看 IP 地址,如图 9-24 所示,发现其 IP 地址为 172.17.0.2/16。

```
[root@node1 /]# ip addr
bash: ip: command not found
[root@node1 /]#
[root@node1 /]# yum install net-tools -y
Loaded plugins: fastestmirror, ovl
Determining fastest mirrors
 * base: mirrors.ustc.edu.cn
 * extras: mirrors.ustc.edu.cn
 * updates: mirrors.ustc.edu.cn
base
extras
updates
(1/4): extras/7/x86_64/primary_db
(2/4): base/7/x86 64/primary db
```

图 9-23 安装 net-tools 软件包

(8) 在容器里面安装 httpd 软件包,如图 9-25 所示。

(9) 启动 httpd 服务,如图 9-26 所示,并且给服务创建一个首页。

(10) 进行测试,如图 9-27 所示,在主机上测试是否可以访问到容器提供的 httpd 服务。

(11) 退出容器,如图 9-28 所示,发现容器并没有退出。

```
[root@node1 /]# ifconfig
eth0: flags=4163<UP,BROADCAST,RUNNING,MULTICAST>  mtu 1500
        inet 172.17.0.2  netmask 255.255.0.0  broadcast 0.0.0.0
        inet6 fe80::42:acff:fe11:2  prefixlen 64  scopeid 0x20<link>
        ether 02:42:ac:11:00:02  txqueuelen 0  (Ethernet)
        RX packets 2681  bytes 14208615 (13.5 MiB)
        RX errors 0  dropped 0  overruns 0  frame 0
        TX packets 1379  bytes 78413 (76.5 KiB)
        TX errors 0  dropped 0 overruns 0  carrier 0  collisions 0

lo: flags=73<UP,LOOPBACK,RUNNING>  mtu 65536
        inet 127.0.0.1  netmask 255.0.0.0
        inet6 ::1  prefixlen 128  scopeid 0x10<host>
        loop  txqueuelen 1  (Local Loopback)
        RX packets 0  bytes 0 (0.0 B)
        RX errors 0  dropped 0  overruns 0  frame 0
        TX packets 0  bytes 0 (0.0 B)
        TX errors 0  dropped 0 overruns 0  carrier 0  collisions 0

[root@node1 /]#
```

图 9-24　查看 IP 地址

```
[root@node1 /]# yum install httpd -y
Loaded plugins: fastestmirror, ovl
Loading mirror speeds from cached hostfile
 * base: mirrors.ustc.edu.cn
 * extras: mirrors.ustc.edu.cn
 * updates: mirrors.ustc.edu.cn
Resolving Dependencies
--> Running transaction check
---> Package httpd.x86_64 0:2.4.6-90.el7.centos will be installed
--> Processing Dependency: httpd-tools = 2.4.6-90.el7.centos for package: httpd-2.4.6-90.el7.centos.x86_64
--> Processing Dependency: system-logos >= 7.92.1-1 for package: httpd-2.4.6-90.el7.centos.x86_64
--> Processing Dependency: /etc/mime.types for package: httpd-2.4.6-90.el7.centos.x86_64
--> Processing Dependency: libaprutil-1.so.0()(64bit) for package: httpd-2.4.6-90.el7.centos.x86_64
--> Processing Dependency: libapr-1.so.0()(64bit) for package: httpd-2.4.6-90.el7.centos.x86_64
--> Running transaction check
---> Package apr.x86_64 0:1.4.8-5.el7 will be installed
---> Package apr-util.x86_64 0:1.5.2-6.el7 will be installed
---> Package centos-logos.noarch 0:70.0.6-3.el7.centos will be installed
---> Package httpd-tools.x86_64 0:2.4.6-90.el7.centos will be installed
---> Package mailcap.noarch 0:2.1.41-2.el7 will be installed
--> Finished Dependency Resolution

Dependencies Resolved

================================================================================
 Package              Arch          Version                    Repository
================================================================================
Installing:
 httpd                x86_64        2.4.6-90.el7.centos        base
Installing for dependencies:
 apr                  x86_64        1.4.8-5.el7                base
 apr-util             x86_64        1.5.2-6.el7                base
 centos-logos         noarch        70.0.6-3.el7.centos        base
 httpd-tools          x86_64        2.4.6-90.el7.centos        base
 mailcap              noarch        2.1.41-2.el7               base

Transaction Summary
```

图 9-25　安装 httpd 软件包

```
[root@node1 /]# httpd
AH00558: httpd: Could not reliably determine the server's fully qualified domain name, using 172.17.0.2.
[root@node1 /]#
[root@node1 /]# echo "hello,docker" > /var/www/html/index.html
[root@node1 /]#
```

图 9-26　启动 httpd 服务

```
[root@wyl ~]# curl http://192.168.100.140:10001
hello,docker
[root@wyl ~]#
```

图 9-27　测试容器提供的服务

```
[root@node1 /]# exit
exit
[root@wyl ~]#
[root@wyl ~]# docker ps
CONTAINER ID      IMAGE        COMMAND          CREATED          STATUS          PORTS
    NAMES
dbafb2f3dba6      centos       "/bin/bash"      8 minutes ago    Up 6 seconds    0.0.0.0:10001->80/t
cp  compute
[root@wyl ~]#
```

图 9-28　退出并查看容器

（12）停止容器，如图 9-29 所示，查看容器，发现容器现在已经处于不活跃的状态。

```
[root@wyl ~]# docker stop compute
compute
[root@wyl ~]#
[root@wyl ~]# docker ps
CONTAINER ID         IMAGE            COMMAND           CREATED           STATUS
 NAMES
[root@wyl ~]#
```

图 9-29　停止容器

（13）查看容器，如图 9-30 所示，删除容器。

```
[root@wyl ~]# docker ps -a
CONTAINER ID         IMAGE        COMMAND        CREATED          STATUS
         NAMES
dbafb2f3dba6         centos       "/bin/bash"    9 minutes ago    Exited (137) 27 seconds ago
         compute
5e36e7fa6ea8         centos       "/bin/bash"    19 minutes ago   Exited (0) 14 minutes ago
         elastic_allen
[root@wyl ~]#
[root@wyl ~]#
[root@wyl ~]# docker rm d
d
[root@wyl ~]# docker rm 5
5
[root@wyl ~]#
[root@wyl ~]# docker ps -a
CONTAINER ID         IMAGE        COMMAND        CREATED          STATUS           PORTS
 NAMES
[root@wyl ~]#
```

图 9-30　查看容器

（14）删除镜像，如图 9-31 所示。

```
[root@wyl ~]# docker images
REPOSITORY           TAG              IMAGE ID         CREATED          SIZE
centos               latest           5e35e350aded     3 months ago     203 MB
[root@wyl ~]#
[root@wyl ~]# docker rmi centos
Untagged: centos:latest
Deleted: sha256:5e35e350aded98340bc8fcb0ba392d809c807bc3eb5c618d4a0674d98d88bccd
Deleted: sha256:77b174a6a187b610e4699546bd973a8d1e77663796e3724318a2a4b24cb07ea0
[root@wyl ~]#
[root@wyl ~]# docker images
REPOSITORY           TAG              IMAGE ID         CREATED          SIZE
[root@wyl ~]#
```

图 9-31　删除镜像

9.4 本章实验

9.4.1 实验目的

➤ 掌握如何安装并启动 Docker。
➤ 掌握如何使用 Docker 管理镜像。
➤ 掌握如何使用 Docker 管理容器。

9.4.2 实验环境

在 VMware Workstation 虚拟机上新建一台虚拟机,并且安装 CentOS 操作系统。

9.4.3 实验拓扑

实验拓扑如图 9-32 所示。

Container1	Container2	Container3	......
Docker Engine			
CentOS 7			
node4			
VMware Workstation			
Windows 10			
Hardware			

图 9-32 实验拓扑图

9.4.4 实验内容

如图 9-32 所示,在 CentOS 上使用 Docker 管理镜像与容器,具体如下:

(1)安装并启动 Docker。

(2)使用 Docker 下载镜像,对镜像改名并且查看。

(3)使用 Docker 对下载的镜像生成一个持久的容器,并且在容器里安装 Apache 服务,从宿主机 CentOS 上可以访问容器里运行的 Apache 服务。

试一试:

如何在容器里生成一个永久存储,用来保存 Apache 网页。

第三部分　云计算平台OpenStack

第 **10** 章

OpenStack概述及安装

OpenStack 是目前最流行的开源云操作系统,它可控制整个数据中心的大型计算、存储和网络资源池,用户能够通过 Web 界面、命令行或 API 接口配置资源。OpenStack 初学者最大的挑战在于安装实验环境,使用 PackStack 的方式部署学习环境,读者可以快速掌握 OpenStack 概念和基本使用方法。通过本章的学习,可帮助读者了解和掌握开源 OpenStack 知识。

▶ **学习目标:**
- 了解 OpenStack 相关概念。
- 掌握如何安装 OpenStack。

10.1 OpenStack 概述

10.1.1 OpenStack 概述

1. 什么是 OpenStack

2016 年 7 月,中共中央办公厅、国务院办公厅印发的《国家信息化发展战略纲要》中明确指出:"鼓励企业、科研机构、社会组织和个人积极融入国际开源社区。"国家越来越重视开源技术,而 OpenStack 就是当前最热门的开源技术之一,得到了国内外很多企业的高度关注,很多著名的 IT 巨头都加入了 OpenStack 社区,比如服务器厂商有 IBM、HP、DELL;操作系统厂商有 RedHat、Canonical、SUSE;网络设备厂商有 Cisco、Juniper、华为;存储厂商有 EMC、IBM、NetApp 等。那到底什么是 OpenStack,官网上是这样定义的:OpenStack is a cloud operating system that controls large pools of compute, storage, and networking resources throughout a datacenter, all managed through a dashboard that gives administrators control while empowering their users to provision resources through a web interface.

OpenStack 就是一个云操作系统,控制了整个数据中心中大量的计算、存储和网络资源,通过一个仪表盘来进行所有的管理,而用户通过 Web 界面提供资源。普通的操作系统,如 Windows 与 Linux,它的作用就是监控与调度各种资源,包括硬盘、内存、CPU 等,而这些资源是在同一台主机上。同时,它也提供一套用户管理各种资源的界面,像 Linux 有图形 SHELL(GNOME)与字符 SHELL(BASH),供用户对各种资源进行管理,并提供一套 API,供用户进行上层的应用软件开发。OpenStack 也有这些功能,只不过 OpenStack 不是一个单机的系统,而是一个分布式的系统,它把分布的计算、存储、网络组织起来,形成一个完整的云计算系统。同时,它也提供一个命令 UI 与图形 UI、一套 API,供用户开发自己的应用软件。

OpenStack 是一个开源的云操作系统,是一组开源项目,开始只有两个项目,I 版本是 10 个项目,每一个版本都会逐渐增加,是最火的开源软件之一。OpenStack 是一个框架,是一个中间层。比如说,它可以创建、管理、删除虚拟机,但是它对这些操作依赖一个 Hypervisor,通过 Hypervisor 来管理虚拟机,而 OpenStack 自己并不可以直接去管理虚拟机;再比方说,OpenStack 有一个组件叫 Cinder,通过 Cinder 管理块存储服务,而自己并不能对块存储进行管理。同时 OpenStack 也提供一套 API,供用户开发自己的软件,OpenStack 设计的初衷是按资源付费的,就像用户用电一样,用多少电就付多少费用,但用户不能直接去使用电,使用电是一些电器设备,如电冰箱、电视机等,OpenStack 也一样,用户必须通过 API 进行设计,去使用这些云资源。OpenStack 是用 Python 语言实现的软件,并不是说底层的东西就一定要用 C 与 C++,现在很多高级语言的底层优化得很好,因此,OpenStack 在实现时使用 Python 语言是把更多的精力放在了逻辑的实现上,目的也是为了做一个更好的软件。而事实上,现在很多的软件都用高级语言进行编写,如 Hadoop 用 Java 语言编写,而伯克利的 Spark 用 Scale 语言编写。OpenStack 可以管理虚拟机,但是并不具有虚拟化的功能,它提供一个虚拟化的环境,必须要一个第三方的虚拟化工具来实现,如 KVM、Xen、Hyper-V、vSphere 以及轻量级的虚拟化 Docker 等。

2. OpenStack 的发展与管理

2010 年 7 月,RackSpace 公司和美国国家航空航天局 NASA 合作,分别贡献出 RackSpace 云文件平台代码和 NASA Nebula 平台代码,并以 Apache 许可证授权,发布了 OpenStack,至此 OpenStack 就诞生了。

OpenStack 有着众多的版本,它在发布时采用了 A~Z 开头的不同的单词来表示各种不同的版本。2010 年发布了 Austin 版本,也是 OpenStack 的第一个版本。A 版本只有两个项目,即 Nova(用于对虚拟机的管理)和 Glance(用于管理块存储,也就是云硬盘)。

在 Bexar 版本中,加入了对象存储项目 Swift(类似于云盘)。B 版本还存在相当多的问题,安装、部署和使用都比较困难,发展至 Cactus 版本的时候,OpenStack 才真正具备了可用性。但是在使用方面,还是只能通过命令行进行交互。此外,值得一提的是,到 C 版本为止,OpenStack 一直都使用的是 Amazon 的 API 接口。

Diablo 版本的出现,可以认为是 OpenStack 的分水岭。因为以前的版本,都是在强调如何模仿 Amazon 的云计算平台。从 D 版本开始,OpenStack 的发展方向开始朝着自由化的方向发展。D 版本中添加了更多可用的项目,更加灵活的 OpenStack API,此时 Amazon 的 API 仅作为兼容。在 D 版本中,加入了基于 Python 语言的 Horizon 项目,用户可以通过 Web 方式对其进行管理,大大提高了可用性与易用性。

由于 D 版本 Bug 较多,催生了 Essex 版本的快速出现。在 E 版本中,Nova、Horizon 和 Swift 都变得较为稳定。因此,如果基于 OpenStack 做二次开发,不要选择 D 版本。此外,由于软件定义网络的出现,在 E 版本中还出现了网络管理项目 Quantum,尽管 Quantum 还是存在着各种各样的问题。Quantum 的出现,标志着 OpenStack 可以对虚拟网络加强定制与管理。

Folsom 版本的出现,则标志着 OpenStack 开始真正走向正轨。在 Folsom 中,将 OpenStack 分为 3 个组件: Nova、Swift 和 Quantum。这 3 个组件分别负责云计算、云存储和网络虚拟化。Folsom 也是 OpenStack 中较为稳定的版本。

OpenStack 社区每半年发布一次新的版本,截至本书出版前,最新的版本是 2019 年 10 月 16 日,OpenStack 社区发布了开源云基础设施软件的第 20 个版本——Train,进一步加大了对人工智能(AI)和机器学习(ML)的支持。针对数据中心内部署的 AI 加速器 (GPU、FPGA、ASIC)显著增长,在 Train 版本中新增了 Cyborg(加速器资源)-Nova(计算资源)交互模块,CPU 与加速器资源可以自由相互调用,从而实现了完整的 AI 云技术框架。

OpenStack 作为热门开源技术之一,从发展到现在,10 年的时间里得到了国内外广泛的关注,很多企业都开始纷纷使用,国内用户有腾讯、京东、阿里巴巴、华为、小米、百度、网易、搜狐、美团、苏宁、青团等,国外用户有 IBM、AT&T、RedHat、HP、Cisco、Oracle、VMware 等。由于 OpenStack 的巨大活力,市场上 OpenStack 人才形成巨大的缺口,很多公司都急需 OpenStack 的研发、测试、运维工程师。

3. 谁在管理 OpenStack

2012 年 9 月,OpenStack 社区将 Nova 项目中的网络模块和块存储模块剥离出来,成立了两个新的核心项目,分别是 Quantum(即 Neutron 的前身)和 Cinder,并发行了 OpenStack 的第六个版本 Folsom。也就是在这段时期,非营利组织 OpenStack 基金会成立,该基金会主席由 SUSE 的行业计划、新兴标准和开源部门总监兼 Linux 基金会董事 Alan Clark 担任。最初基金会拥有 24 名成员,并获得了 1000 万美元的赞助基金,RackSpace 的 Jonathan Bryce 担任常务董事。至此,OpenStack 社区计划今后 OpenStack 项目都由 OpenStack 基金会管理。

简单地说,OpenStack 基金会是一家非营利组织,由各公司赞助会费,管理

OpenStack 项目,帮助推广 OpenStack 的开发、发行和应用,基金会是服务广大 OpenStacker 的家。基金会会员有个人会员和企业会员,个人会员是免费的,而公司参加的话,会根据公司的选择及交会费、赞助费的多少,分成白金会员(Platinum Member)、黄金会员(Gold Member)、企业赞助会员(Corporate Sponsor)以及支持组织(Supporting Organization)几种。

OpenStack 基金会只允许最多 8 家白金会员资格和 24 家黄金会员资格。

近几年,中国云计算市场的迅猛发展,让中国的云计算厂商在世界范围内受到了广泛关注。特别是 OpenStack 基金会近年吸纳了大量中国云计算厂商作为白金会员、黄金会员,包括华为、腾讯云、中国移动、中国电信、浪潮、新华三、卓朗科技等,不断彰显中国云在世界舞台上的实力。

IBM、思科、华为、VMware 等 190 多个企业纷纷加入 Openstack 基金会,OpenStack 社区来自全球 140 多个国家的 18000 人,其中 2500 多人为其贡献了代码,而且活跃度在不断地升高。

10.1.2 OpenStack 组件

OpenStack 不是单一的一个项目,它由一组项目组成,分为核心项目与孵化项目。OpenStack 每半年发布一个版本,发布的版本中都是核心项目,等外围孵化项目成熟后,才会加入到发布版本中成为核心项目。OpenStack 就是通过这些项目对数据中心的计算、存储、网络等资源进行集中的管理。OpenStack 包含的主要组件如下。

(1) Nova:计算服务。该组件控制云计算架构,因此形成一个基础架构服务核心,主要负责虚拟机创建、管理和销毁、提供计算资源服务,管理正在运行的云主机。Nova 与其他几个 OpenStack 服务都有一些接口,它使用 Keystone 来执行其身份验证,使用 Horizon 作为其管理接口,并用 Glance 提供其镜像。它与 Glance 的交互最为密切,Nova 需要下载镜像,以便在加载镜像时使用。Nova 主要由 API、Compute、Conductor、Scheduler 四个核心服务组成,这些服务之间通过 AMQP 消息队列进行通信。

(2) Horizon:UI服务。该组件提供可视化的 GUI 图形界面,是一个用以管理、控制 OpenStack 服务的 Web 控制面板,可以管理云主机、镜像、创建密钥对,对云主机添加卷、操作 Swift 容器等。

(3) Keystone:认证服务。该组件集成了用于身份验证、用户授权、用户管理和服务目录的 OpenStack 功能,这些服务包括注册的所有租户和用户,对用户进行身份验证并授予身份验证令牌,创建横跨所有用户和服务的策略,以及管理服务端点目录。

(4) Neutron:网络服务。该组件是 OpenStack 项目中负责提供网络服务的组件,它基于软件定义网络的思想,实现了网络虚拟化下的资源管理。

(5) Cinder:块存储服务。该组件的存储管理主要是指虚拟机的存储管理,提供的是持久块存储的接口,起到了屏蔽底层硬件异构性的作用,支持多种后端存储,减少 Nova 的复杂性。

(6) Swift:对象存储服务。该组件为 OpenStack 提供一种分布式、可靠、持续虚拟对象存储,它类似于 Amazon Web Service 的 S3 简单存储服务。Swift 具有跨节点百级对象的存储能力。Swift 内建冗余和失效备援管理,也能够处理归档和媒体流,特别是对大数据和大容量的测度非常高效。

(7) Glance:镜像服务。该组件管理在 OpenStack 集群中的镜像,但不负责实际的存储。它为从简单文件系统到对象存储系统(如 OpenStack Swift 项目)的多种存储技术提供了一个抽象。除了实际的磁盘镜像之外,它还保存描述镜像的元数据和状态信息。Glance 支持本地存储、NFS、Swift、Sheepdog 和 Ceph。当镜像运行之后就是云主机(虚拟机)。

(8) Ceilometer:监控服务。这是对 OpenStack 中所有资源实现监控和计量的组件,该组件的目标是在计量(Metering)方面,为上层的计费、结算或者监控应用提供统一的资源使用数据收集功能。

(9) Heat:集群服务。该组件是一个基于模板来编排复合云应用的服务。它的主要功能是自动化部署应用,自动化管理应用的整个生命周期。它把一个 IT 系统的各个模块和资源组织、调度起来,形成一套完整的可以实现一些业务功能的有机系统,来批量处理云主机。

10.2　OpenStack 安装

10.2.1　OpenStack 安装环境

(1) 硬件需求:64 位处理器,2GB 内存,50GB 的硬盘。在进行实验时,建议配置高一些,笔者用的是 64 位处理器、8GB 内存、100GB 硬盘,网段是 192.168.100.0/24。

(2) 软件需求:这里用的还是前面讲 KVM 时的 Redhat Enterprise Linux 7.3,如何安装 RHEL 7.3,在前面有介绍,需要的读者请参考 1.3 节。OpenStack 使用的软件是 Red Hat OpenStack Platform 10。

10.2.2　使用 packstack 安装 OpenStack

(1) 初始化配置,具体包括禁用防火墙与 SELinux。

(2) 配置 IP 地址。

① 禁用 NetworkManager 服务,如图 10-1 所示。

```
[root@node1 ~]# systemctl stop NetworkManager
[root@node1 ~]# systemctl disable NetworkManager
```

图 10-1　禁用 NetworkManager 服务

② 配置 ens33 的 IP 地址,修改其配置文件/etc/sysconfig/network-scripts/ifcfg-ens33,如图 10-2 所示。

③ 重启网络服务,如图 10-3 所示。

(3) 配置主机名,将主机名修改为 node1. wyl. com,如图 10-4 所示。

(4) 配置主机名与 IP 地址的解析,如图 10-5 所示。

(5) 配置 YUM 仓库。

```
[root@node1 ~]# cd /etc/sysconfig/network-scripts/
[root@node1 network-scripts]#
[root@node1 network-scripts]# ls
ifcfg-ens33  ifdown-bnep  ifdown-ippp  ifdown-ovs   ifdown-routes
ifcfg-lo     ifdown-eth   ifdown-ipv6  ifdown-post  ifdown-sit
ifdown       ifdown-ib    ifdown-isdn  ifdown-ppp   ifdown-Team
[root@node1 network-scripts]#
[root@node1 network-scripts]# cat ifcfg-ens33
BOOTPROTO="static"
NAME="ens33"
DEVICE="ens33"
ONBOOT="yes"
IPADDR=192.168.100.145
PREFIX=24
GATEWAY=192.168.100.2
DNS1=192.168.100.2
[root@node1 network-scripts]#
```

图 10-2 配置 ens33 的 IP 地址

```
[root@node1 network-scripts]# systemctl restart network
```

图 10-3 重启网络服务

```
[root@node1 ~]# hostnamectl set-hostname node1.wyl.com
[root@node1 ~]#
```

图 10-4 配置主机名

```
[root@node1 ~]# cat /etc/hosts
127.0.0.1    localhost localhost.localdomain localhost4 localhost4.localdomain4
::1          localhost localhost.localdomain localhost6 localhost6.localdomain6
192.168.100.145 node1.wyl.com    node1
[root@node1 ~]#
```

图 10-5 配置主机名与 IP 地址的解析

① 安装 FTP 服务器,使用 FTP 服务提供仓库,如图 10-6 所示。

```
[root@node1 ~]# yum install vsftpd
Loaded plugins: langpacks, product-id, search-disabled-repos, subscription-manager
This system is not registered to Red Hat Subscription Management. You can use subs
Package vsftpd-3.0.2-21.el7.x86_64 already installed and latest version
Nothing to do
[root@node1 ~]#
```

图 10-6 安装 FTP 服务器

② 准备相关的软件包,修改 fstab,让系统启动时自动挂载,并挂载到软件仓库相关的目录,如图 10-7 所示。

```
[root@node1 ~]# tail -5 /etc/fstab
/dev/sr0                /var/ftp/dvd    iso9660 defaults        0       0
/root/ops10/rhel-7.3-server-updates-20170308.iso        /var/ftp/update iso9660 defaults,loop    0       0
/root/ops10/rhel-7-server-rh-common-20170308.iso        /var/ftp/common iso9660 defaults,loop    0       0
/root/ops10/rhel-7-server-extras-20170308.iso   /var/ftp/extras iso9660 defaults,loop    0       0
```

图 10-7 修改 fstab

③ 启动 FTP 服务器，如图 10-8 所示。

```
[root@node1 ~]# systemctl restart vsftpd
[root@node1 ~]#
```

图 10-8　启动 FTP 服务器

④ 指向安装仓库，在/etc/yum. repos. d 目录下创建 dvd. repo 文件，如图 10-9 所示。

```
[root@node1 ~]# cat /etc/yum.repos.d/dvd.repo
[RHEL7]
name=all rhel7 packages
baseurl=ftp://192.168.100.145/dvd/
enabled=1
gpgcheck=0

[update]
name=update
baseurl=ftp://192.168.100.145/update
enabled=1
gpgcheck=0

[extras]
name=extras
baseurl=ftp://192.168.100.145/extras
enabled=1
gpgcheck=0

[common]
name=common
baseurl=ftp://192.168.100.145/common
enabled=1
gpgcheck=0

[osp10]
name=osp10
baseurl=ftp://192.168.100.145/ops10
enabled=1
gpgcheck=0
[root@node1 ~]#
```

图 10-9　指向安装仓库

（6）安装 packstack，产生并配置安装 Openstack 的应答文件。

① 安装 packstack。如图 10-10 所示，先根据提供的仓库，升级软件包，再安装 packstack，如图 10-11 所示。

```
[root@node1 ~]#  yum update -y
```

图 10-10　升级软件包

```
[root@node1 ~]# yum install openstack-packstack -y
```

图 10-11　安装 packstack

② 生成安装应答文件，并修改 OpenStack 的应答文件 1. txt，如图 10-12 所示。

```
[root@node1 ~]# packstack --gen-answer-file=1.txt
[root@node1 ~]#
[root@node1 ~]# vim 1.txt
```

图 10-12　生成并修改安装应答文件

要修改的地方如下：

```
CONFIG_PROVISION_DEMO = n
CONFIG_NEUTRON_ML2_TYPE_DRIVERS = flat,vxlan
CONFIG_NEUTRON_ML2_FLAT_NETWORKS = datacentre
CONFIG_NEUTRON_OVS_BRIDGE_MAPPINGS = datacentre:br-ex
```

（7）使用应答文件安装 Openstack，如图 10-13(a)、(b)所示。

```
[root@node1 ~]# packstack --answer-file=1.txt
Welcome to the Packstack setup utility

The installation log file is available at: /var/tmp/packstack/20200226-102410-AOP6_v/openstack-setup.log

Installing:
Clean Up                                                 [ DONE ]
Discovering ip protocol version                          [ DONE ]
Setting up ssh keys                                      [ DONE ]
Preparing servers                                        [ DONE ]
Pre installing Puppet and discovering hosts' details     [ DONE ]
Preparing pre-install entries                            [ DONE ]
Setting up CACERT                                        [ DONE ]
Preparing AMQP entries                                   [ DONE ]
Preparing MariaDB entries                                [ DONE ]
Fixing Keystone LDAP config parameters to be undef if empty[ DONE ]
Preparing Keystone entries                               [ DONE ]
Preparing Glance entries                                 [ DONE ]
Checking if the Cinder server has a cinder-volumes vg    [ DONE ]
Preparing Cinder entries                                 [ DONE ]
Preparing Nova API entries                               [ DONE ]
Creating ssh keys for Nova migration                     [ DONE ]
Gathering ssh host keys for Nova migration               [ DONE ]
Preparing Nova Compute entries                           [ DONE ]
```

(a) 安装OpenStack1

```
Applying Puppet manifests                                [ DONE ]
Finalizing                                               [ DONE ]

 **** Installation completed successfully ******

Additional information:
 * Time synchronization installation was skipped. Please note that unsynchronized time on server instances m
enStack components.
 * File /root/keystonerc_admin has been created on OpenStack client host 192.168.100.145. To use the command
rce the file.
 * To access the OpenStack Dashboard browse to http://192.168.100.145/dashboard .
Please, find your login credentials stored in the keystonerc_admin in your home directory.
 * Because of the kernel update the host 192.168.100.145 requires reboot.
 * The installation log file is available at: /var/tmp/packstack/20200226-102410-AOP6_v/openstack-setup.log
 * The generated manifests are available at: /var/tmp/packstack/20200226-102410-AOP6_v/manifests
[root@node1 ~]#
```

(b) 安装OpenStack2

图 10-13　安装 OpenStack

（8）从图 10-13（b）可以看到，可以通过访问网址 http://192.168.100.145/ dashboard 进行登录，输入用户名与密码，用户名与密码在目录下查看文件 keystonerc_admin，如图 10-14 所示。

10.2.3　安装后的初始配置

（1）输入正确的用户名与密码，单击登录，进入如图 10-15 所示的 OpenStack 管理界面。

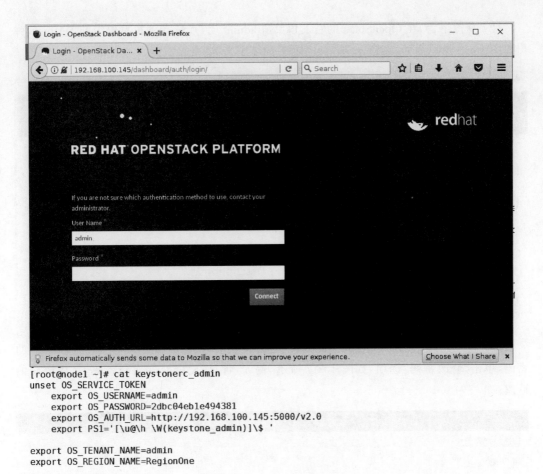

```
[root@node1 ~]# cat keystonerc_admin
unset OS_SERVICE_TOKEN
    export OS_USERNAME=admin
    export OS_PASSWORD=2dbc04eb1e494381
    export OS_AUTH_URL=http://192.168.100.145:5000/v2.0
    export PS1='[\u@\h \W(keystone_admin)]\$ '

export OS_TENANT_NAME=admin
export OS_REGION_NAME=RegionOne
```

图 10-14　OpenStack 登录界面

图 10-15　OpenStack 管理界面

（2）修改语言，在 OpenStack 的右上角单击 admin 用户，选择下拉菜单中的 Settings，弹出如图 10-16 所示界面，选择 Language 中的"简体中文"即可完成语言的设置。

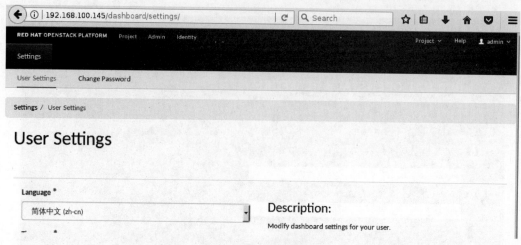

图 10-16　修改语言

（3）由于系统给的 admin 的密码太长，不方便实验管理，因此建议修改用户 admin 的密码，单击"修改密码"选项，如图 10-17 所示，输入当前密码以及两次新密码，完成密码的修改。

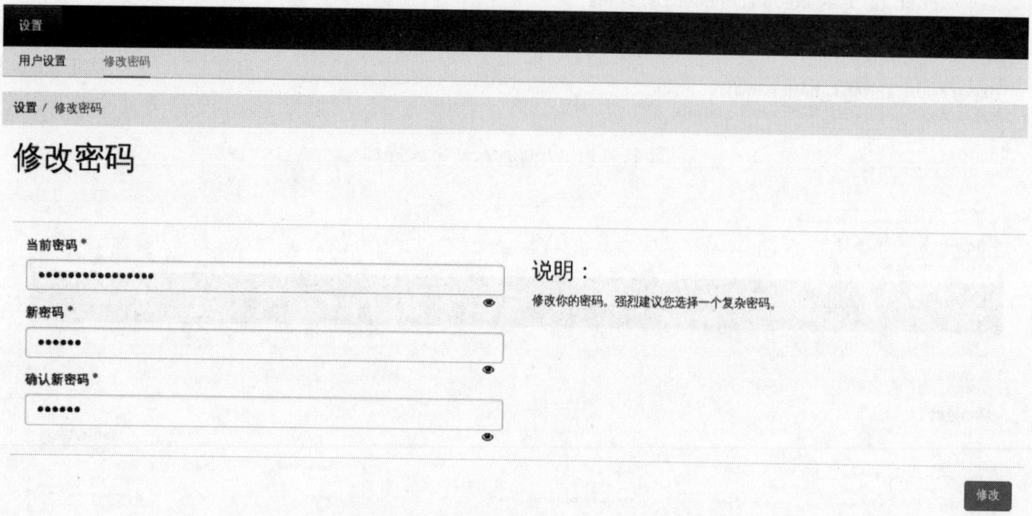

图 10-17　修改用户 admin 的密码

10.3　本章实验

10.3.1　实验目的

➢ 掌握通过 packstack 安装 OpenStack。

10.3.2　实验环境

在 VMware Workstation 中新建一台虚拟机,并且在虚拟机里安装 RHEL7。

10.3.3　实验拓扑

实验拓扑图如图 10-18 所示。

Red Hat OpenStack Platform 10
RHEL7
node1
VMware Workstation
Windows 10
Hardware

图 10-18　实验拓扑图

10.3.4　实验内容

如图 10-18 所示,在 RHEL7 上安装 Red Hat OpenStack Platform 10。具体要求如下:

(1) 安装 packstack,创建与配置安装 Red Hat OpenStack Platform 10 的应答文件。

(2) 根据应答文件安装 Red Hat OpenStack Platform 10。

(3) 登录 Red Hat OpenStack Platform 10,并对其进行一些初始化的配置。

想一想:

在登录 Red Hat OpenStack Platform 10 后,如果需要创建云主机,需要做哪些前期的准备工作?

第 11 章

OpenStack云平台的管理

租户需要在自己租用的云平台上新建云主机,在创建云主机前,必须做好相关的工作,包括云管理员要配置网络,让 OpenStack 能连接至外网;上传镜像,让云主机可以通过镜像运行操作系统;租户也要创建自己的网络,让租户内的云主机能连接至云管理员所配置的网络等。本章主要讲解在 OpenStack 中如何创建租户、租户里的用户,以及租户内的网络、云主机、安全等方面的管理。

▶ 学习目标:
- 掌握 Open vSwitch 的配置方法。
- 掌握创建租户、用户的方法。
- 掌握对租户的管理。
- 掌握如何管理云主机。

11.1　配置 Open vSwitch

11.1.1　Open vSwitch 概述

Open vSwitch,简称 OVS,是一个基于软件的虚拟交换机,主要用于虚拟机环境,在 OpenStack 云平台中就是使用了这种软件交换机技术。作为一个虚拟交换机,它支持 Xen、KVM 与 VirtualBox 等多种虚拟化技术。如图 11-1 所示,br-ex 与 br-int 都属于 Open vSwitch 虚拟交换机。

图 11-1 是一个典型的 OpenStack 网络拓扑结构,它包含了两个网络,一个是外部网络,一个是内部网络。OpenStack 的云管理员管理的是外部网络,ens33 是连接外部网络的网卡,云管理员通过配置网络,使得物理网卡 ens33 连接至虚拟交换机 br-ex,也就意味着虚拟交换机 br-ex 是连接外部网络的,而虚拟交换机 br-int 在 OpenStack 中起到桥梁

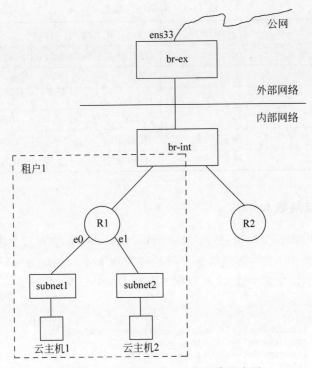

图 11-1　Open vSwitch 交换机典型应用

作用,它一方面连接到虚拟交换机 br-ex,也就是外部网络,另一方面它还连接着各租户的网络。内部网络主要是由各租户自己管理,在图 11-1 中,某租户创建了一个路由器 R1 和两个网络 subnet1、subnet2,路由器 R1 是连接这两个网络的,即路由器 R1 充当着这两个网络的网关,而这两个网络连接着租户内部的云主机。

在虚拟化的环境中,一个虚拟交换机(vSwitch)主要有两个作用,一是传递虚拟机之间的流量,二是实现虚拟机与外界网络的通信。在 Open vSwitch 交换机中,有三种交换机,分别是 br-ex、br-int 和 br-tun。其中,虚拟交换机 bx-ex 的主要作用是连接外部网络。而虚拟交换机 br-int 的主要作用是连接各租户的网络,此交换机上有很多接口,每个接口对应一个 VLAN,然后把其中的一个接口给某个租户,某租户再建一个路由器来连接租户内部的网络。本章中,在创建云主机前,必须先把云平台的网络以及租户的网络配置好。

11.1.2　云管理员配置 Open vSwitch

1. 网络地址规划

在图 11-1 中,外部网络使用的网段是 192.168.100.0/24,租户 1 的网段是 10.0.1.0/24 与 10.0.2.0/24。需要配置的设备有 br-ex、ens33、R1、云主机 1 和云主机 2,它们的网络地址规划如表 11-1 所示。

表 11-1　网络地址规划

设　备　名	设备端口	IP 地址	网　　关
br-ex	无	192.168.100.145/24	192.168.100.2/24
ens33	无	无	无
R1	e0	10.0.1.1/24	外部网络
	e1	10.0.2.1/24	外部网络
云主机 1	网卡	自动获取	10.0.1.1/24
云主机 2	网卡	自动获取	10.0.2.1/24

2. 配置虚拟交换机 br-ex

(1) 查看当前的虚拟交换机，如图 11-2 所示，OpenStack 中有三个虚拟交换机，分别是 br-ex、br-int 和 br-tun。因为当前的令牌是存放在 keystonerc_admin 文件中，所以先要执行 source 命令，让令牌生效，才有权利去管理 OpenStack，在 source 之前记得要修改 admin 的密码。

```
[root@node1 ~]# source keystonerc_admin
[root@node1 ~(keystone_admin)]#
[root@node1 ~(keystone_admin)]# ovs-vsctl list-br
br-ex
br-int
br-tun
[root@node1 ~(keystone_admin)]#
```

图 11-2　查看虚拟交换机

(2) 查看 node1 上的物理网卡 ens33 是否连接到了 br-ex，如图 11-3 所示，没有看到虚拟交换机 br-ex 的 Port 里显示物理网卡 ens33 接口，因此需要配置虚拟交换机 br-ex，并把物理网卡 ens33 桥接到虚拟交换机 br-ex 上。

```
[root@node1 ~(keystone_admin)]# ovs-vsctl show
9e0d20da-be1c-4917-80dd-bc8e3745a944
    Manager "ptcp:6640:127.0.0.1"
        is_connected: true
    Bridge br-ex
        Controller "tcp:127.0.0.1:6633"
            is_connected: true
        fail_mode: secure
        Port br-ex
            Interface br-ex
                type: internal
        Port phy-br-ex
            Interface phy-br-ex
                type: patch
                options: {peer=int-br-ex}
    Bridge br-int
        Controller "tcp:127.0.0.1:6633"
```

图 11-3　查看虚拟交换机 br-ex

（3）配置虚拟交换机 br-ex，如图 11-4 所示。

```
[root@node1 ~(keystone_admin)]# cd /etc/sysconfig/network-scripts/
[root@node1 network-scripts(keystone_admin)]#
[root@node1 network-scripts(keystone_admin)]# cat ifcfg-br-ex
DEVICE=br-ex
DEVICETYPE=ovs
TYPE=OVSBridge
BOOTPROTO=none
ONBOOT=yes
IPADDR=192.168.100.145
PREFIX=24
GATEWAY=192.168.100.2
DNS1=192.168.100.2
[root@node1 network-scripts(keystone admin)]#
```

图 11-4　配置虚拟交换机 br-ex

虚拟交换机 br-ex 配置文件中关键词的主要含义如表 11-2 所示。

表 11-2　网卡配置文件中关键词的主要含义

关　键　词	含　　义
BOOTPROTO	设置网卡的配置方式，如值为 none 或 static，则为手工配置网卡；如值为 dhcp，则自动获取 IP 地址
IPADDR	设置 IP 地址
PREFIX	掩码
ONBOOT	系统引导时是否启动此网卡
GATEWAY	网关
DNS1	DNS 服务器
DEVICE	设备名
DEVICETYPE	设备类型，ovs 代表设备 br-ex 为 Open vSwitch 虚拟交换机设备
TYPE	OVSBridge 代表为 Open vSwitch 网桥

（4）配置物理网卡 ens33，把物理网络桥接到虚拟交换机 br-ex，如图 11-5 所示。

```
[root@node1 network-scripts(keystone_admin)]# cat ifcfg-ens33
NAME="ens33"
DEVICE="ens33"
ONBOOT="yes"
DEVICETYPE=ovs
TYPE=OVSPort
OVS_BRIDGE=br-ex
[root@node1 network-scripts(keystone_admin)]#
```

图 11-5　配置物理网卡 ens33

（5）重启网络，并查看配置是否生效，如图 11-6 所示，物理接口 ens33 已经连接到虚拟交换机 br-ex。

（6）查看 IP 地址，如图 11-7 所示，IP 地址已经出现在虚拟交换机 br-ex 上，而物理接口 ens33 没有了 IP 地址，说明配置成功。

```
[root@node1 network-scripts(keystone_admin)]# systemctl restart network

Connection closed by foreign host.

Disconnected from remote host( node1) at 11:53:58.

Type `help' to learn how to use Xshell prompt.
[c:\~]$

Connecting to 192.168.100.145:22...
Connection established.
To escape to local shell, press 'Ctrl+Alt+]'.

Last login: Wed Feb 26 11:21:49 2020 from 192.168.100.1
[root@node1 ~]#
[root@node1 ~]#
[root@node1 ~]#
[root@node1 ~]# ovs-vsctl show
9e0d20da-be1c-4917-80dd-bc8e3745a944
    Manager "ptcp:6640:127.0.0.1"
        is_connected: true
    Bridge br-ex
        Controller "tcp:127.0.0.1:6633"
            is_connected: true
        fail_mode: secure
        Port "ens33"
            Interface "ens33"
        Port phy-br-ex
            Interface phy-br-ex
                type: patch
                options: {peer=int-br-ex}
        Port br-ex
            Interface br-ex
                type: internal
```

图 11-6　重启网络并查看虚拟交换机

```
[root@node1 ~]# ip addr show ens33
2: ens33: <BROADCAST,MULTICAST,UP,LOWER_UP> mtu 1500 qdisc pfifo_fast mas
    link/ether 00:0c:29:1d:d8:c5 brd ff:ff:ff:ff:ff:ff
    inet6 fe80::20c:29ff:fe1d:d8c5/64 scope link
       valid_lft forever preferred_lft forever
[root@node1 ~]#
[root@node1 ~]# ip addr show br-ex
9: br-ex: <BROADCAST,MULTICAST,UP,LOWER_UP> mtu 1500 qdisc noqueue state
    link/ether 00:0c:29:1d:d8:c5 brd ff:ff:ff:ff:ff:ff
    inet 192.168.100.145/24 brd 192.168.100.255 scope global br-ex
       valid_lft forever preferred_lft forever
    inet6 fe80::6c65:f2ff:fe8c:349/64 scope link
       valid_lft forever preferred_lft forever
[root@node1 ~]#
```

图 11-7　查看 IP 地址

11.2　项目与用户管理

11.2.1　创建项目

项目,也称为租户,是租用云主机的一个单位、组织或某一个机构。而用户是管理项目的人,是属于某一个项目的,一个项目可以有多个用户。下面创建一个 JSJXY 项目,然后在此项目里创建一个 tom 用户,用于管理 JSJXY 项目。

(1) 如图 11-8 所示,选择"身份管理"中的"项目"选项卡,单击"＋创建项目"按钮。

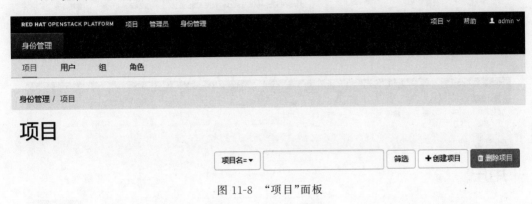

图 11-8　"项目"面板

(2) 在图 11-9 中创建项目,在"名称"文本框中输入 JSJXY,"描述"文本框中输入"计算机学院",单击"创建项目"按钮。此时,项目 JSJXY 创建完成,如图 11-10 所示。

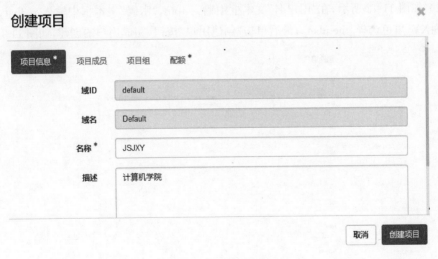

图 11-9　创建项目

11.2.2　创建用户

(1) 创建一个用户 tom 用于管理项目 JSJXY。选择"身份管理"中的"用户",如图 11-11 所示,在"用户"选项卡中选择"＋创建用户"。

身份管理 / 项目

项目

	名称	描述	项目ID	域名	激活	动作
☐	admin	admin tenant	3de0e3d6d5ac48888aa10e3b2bf4ae77	Default	True	管理成员 ▼
☐	services	Tenant for the openstack services	c647569dc7244253a3706f293d67a298	Default	True	管理成员 ▼
☐	JSJXY	计算机学院	d1a978b3b3eb4c77a8cfa81c85528bc6	Default	True	管理成员 ▼

项目名=▼ [   ] 筛选 ＋创建项目 🗑删除项目

正在显示 3 项

图 11-10　查看已创建的项目 JSJXY

身份管理

项目　　用户　　组　　角色

身份管理 / 用户

用户

用户名=▼ [   ] 筛选 ＋创建用户 🗑删除用户

图 11-11　"用户"选项卡

（2）如图 11-12 所示，在"用户名"文本框中输入 tom，"密码"文本框中输入 redhat，主项目选择 JSJXY，角色选择_member_，最后单击"创建用户"按钮，完成用户的创建，如图 11-13 所示。

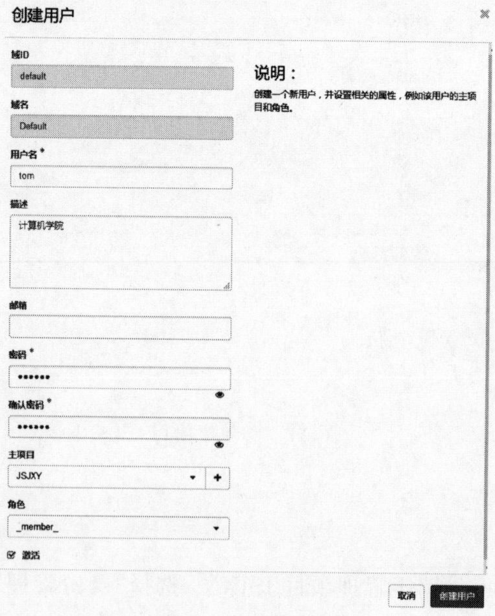

创建用户　　　　　　　　　　　　　　　　　✖

域ID
[default]
域名
[Default]
用户名 *
[tom]
描述
[计算机学院   ]

邮箱
[   ]
密码 *
[••••••   ]
确认密码 *
[••••••   👁]
主项目
[JSJXY   ▼] [＋]
角色
[_member_   ▼]
☑ 激活

说明：
创建一个新用户，并设置相关的属性，例如该用户的主项目和角色。

[取消] [创建用户]

图 11-12　创建用户

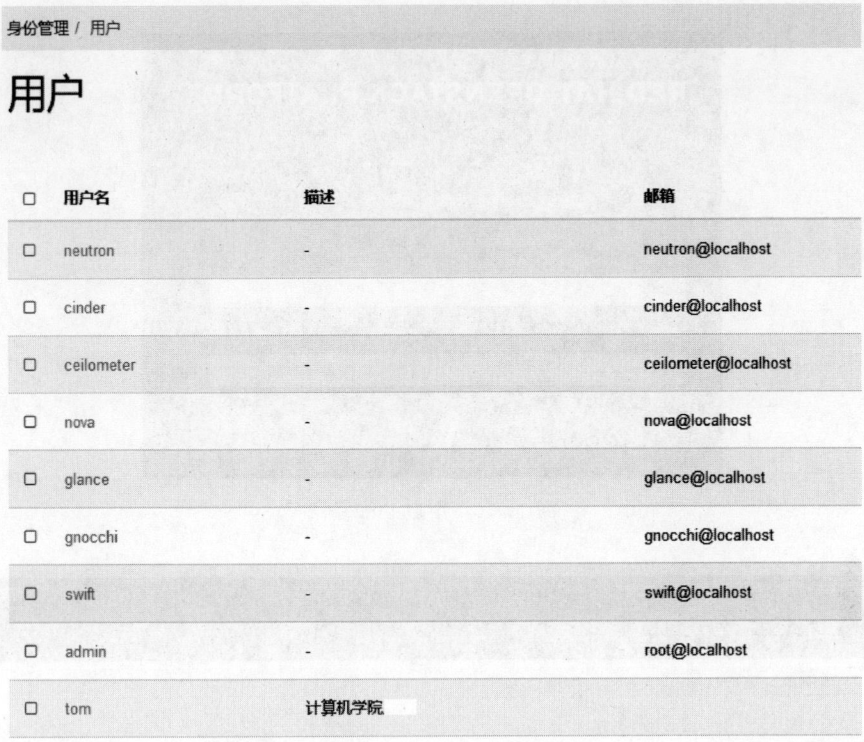

用户

	用户名	描述	邮箱
☐	neutron	-	neutron@localhost
☐	cinder	-	cinder@localhost
☐	ceilometer	-	ceilometer@localhost
☐	nova	-	nova@localhost
☐	glance	-	glance@localhost
☐	gnocchi	-	gnocchi@localhost
☐	swift	-	swift@localhost
☐	admin	-	root@localhost
☐	tom	计算机学院	

图 11-13 查看创建的用户 tom

11.3 OpenStack 的网络管理

在租户 JSJXY 中配置租户的内部网络,JSJXY 的内部网络包括两个内部网络和一台路由器。除此之外,还可以创建一个网络,然后让管理员将此网络提升为外部网络。

11.3.1 创建租户的内部网段

(1) 在浏览器的地址栏中输入 http://192.168.122.101/dashboard/,使用项目 JSJXY 中的用户 tom 进行登录,如图 11-14 所示。

(2) 进入 OpenStack 的管理界面后,选择"网络"中的"网络拓扑",如图 11-15 所示,用户 tom 需要在此创建三个网络,即一个外部网络和两个内部网络。

(3) 单击图 11-15 中的"＋创建网络"按钮,弹出如图 11-16 所示的对话框,在"网络名称框"文本中输入 jsjxynet1,"管理状态"设为 UP,单击"下一步"按钮,如图 11-17 所示,在"子网名称"文本框中输入"jsjxy-subnet1",在"网络地址"输入 10.0.1.0/24,在"IP 版本"输入 IPv4,"网关 IP"不填,默认为网段的第一个,单击"下一步"按钮,如图 11-18 所示,选中"激活 DHCP"复选框,分配的地址池可以不填,默认从网段里选取第一个可用的地址进行分配,最后,单击"已创建"按钮,完成网络的创建。同样的方法,创建网络 jsjxynet2。

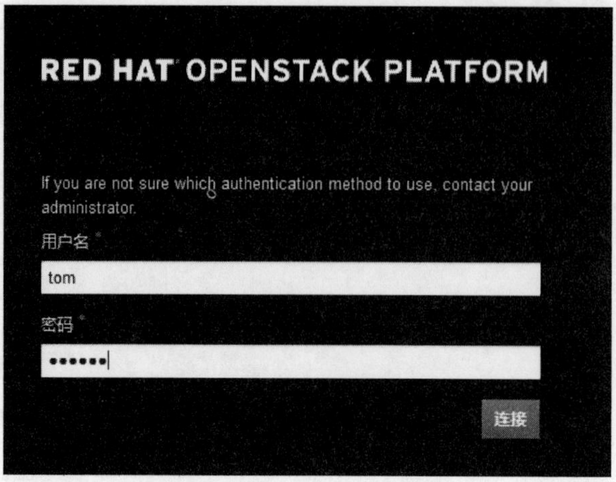

RED HAT OPENSTACK PLATFORM

If you are not sure which authentication method to use, contact your administrator.

用户名 *

tom

密码 *

••••••

连接

图 11-14 用户 tom 登录

RED HAT OPENSTACK PLATFORM   项目 身份管理   项目 ∨ 帮助 ♟ tom ∨

计算 ∨   网络   对象存储 ∨

网络拓扑   网络   路由

项目 / 网络 / 网络

网络

名称 = ▾ [   ] 筛选 ＋创建网络

图 11-15 网络界面

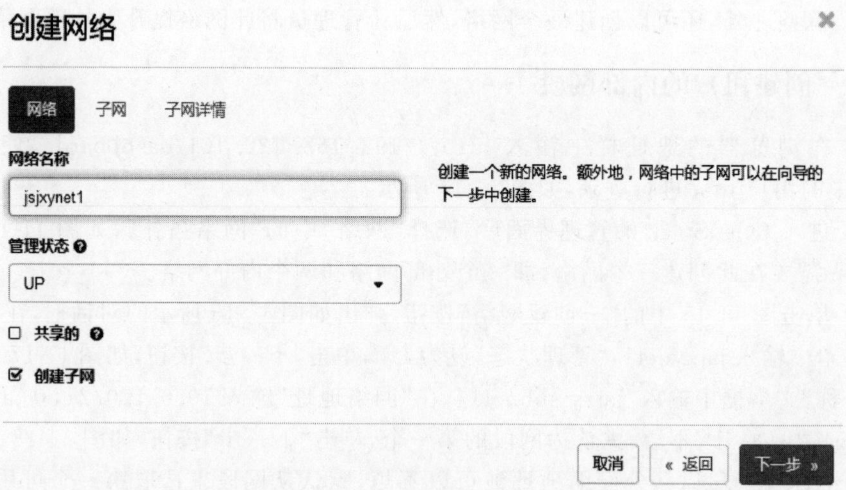

创建网络   ✖

网络 子网 子网详情

网络名称

jsjxynet1

管理状态 ❷

UP   ▾

☐ 共享的 ❷

☑ 创建子网

取消 « 返回 下一步 »

图 11-16 创建网络 jsjxynet1

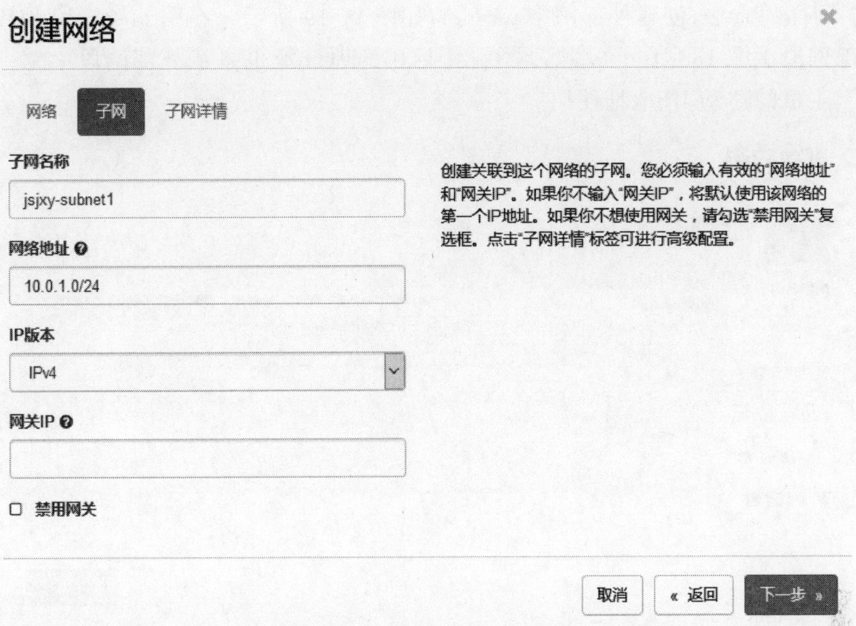

创建网络

网络 **子网** 子网详情

子网名称

jsjxy-subnet1

网络地址 ❓

10.0.1.0/24

IP版本

IPv4

网关IP ❓

☐ 禁用网关

创建关联到这个网络的子网。您必须输入有效的"网络地址"和"网关IP"。如果你不输入"网关IP"，将默认使用该网络的第一个IP地址。如果你不想使用网关，请勾选"禁用网关"复选框。点击"子网详情"标签可进行高级配置。

取消 « 返回 下一步 »

图 11-17　创建子网 jsjxy-subnet1

创建网络

网络 子网 **子网详情**

☑ 激活DHCP

分配地址池 ❓

DNS服务器 ❓

主机路由 ❓

为子网指定扩展属性

取消 « 返回 已创建

图 11-18　激活 DHCP

(4) 同样的方法,创建外部网络 pubnet,如图 11-19 所示。在图 11-20 中,使用的网段就是外部网段 192.168.100.0/24,图 11-21 启用的地址池也是从外部网段中拿一部分出来作为云主机的浮动 IP 地址使用。

创建网络 ✕

网络　**子网**　子网详情

网络名称

| pubnet |

管理状态 ❓

| UP ▾ |

创建一个新的网络。额外地,网络中的子网可以在向导的下一步中创建。

☐ **共享的** ❓

☑ **创建子网**

[取消]　[« 返回]　[下一步 »]

图 11-19　创建网络 pubnet

创建网络 ✕

网络　**子网**　子网详情

子网名称

| pubnet-subnet1 |

网络地址 ❓

| 192.168.100.0/24 |

IP版本

| IPv4 ▾ |

网关IP ❓

| 192.168.100.2 |

创建关联到这个网络的子网。您必须输入有效的"网络地址"和"网关IP"。如果你不输入"网关IP",将默认使用该网络的第一个IP地址。如果你不想使用网关,请勾选"禁用网关"复选框。点击"子网详情"标签可进行高级配置。

☐ **禁用网关**

[取消]　[« 返回]　[下一步 »]

图 11-20　创建子网 pubnet-subnet1

(5) 将网络 pubnet 提升为外部网络,这只有管理员才能实现。因此,使用管理员 admin 进行登录,进入"管理员"的"网络"页面,如图 11-22 所示。

(6) 单击网络名称为 pubnet 的"编辑网络"按钮,进入如图 11-23 所示的页面,选中"共享的"与"外部网络"复选框,表示 pubnet 将是一个外部网络,可以供其他的租户使用,最后的结果如图 11-24 所示。

创建网络

网络　　子网　　子网详情

☑ 激活DHCP　　　　　　　　　　　　　　为子网指定扩展属性

分配地址池 ❷

```
192.168.100.201,192.168.100.220
```

DNS服务器 ❷

```
192.168.100.2
```

主机路由 ❷

取消　　« 返回　　已创建

图 11-21　配置地址池

RED HAT OPENSTACK PLATFORM　　项目　管理员　身份管理

系统

概况　虚拟机管理器　主机聚合　云主机数量　卷　云主机类型　镜像　网络　路由　浮动IP
默认值　元数据定义　系统信息
管理员 / 系统 / 网络

网络

项目 = ▼ [　　　　　　　] 筛选　＋创建网络　🗑删除网络

	项目	网络名称	已连接的子网	DHCP Agents	共享的	外部	状态	管理状态	动作
☐	JSJXY	jsjxynet2	● **jsjxy-subnet2** 10.0.2.0/24	1	False	False	运行中	UP	编辑网络 ▼
☐	JSJXY	jsjxynet1	● **jsjxy-subnet1** 10.0.1.0/24	1	False	False	运行中	UP	编辑网络 ▼
☐	JSJXY	pubnet	● **pubnet-subnet1** 192.168.100.0/24	1	False	False	运行中	UP	编辑网络 ▼

正在显示 3 项

图 11-22　"管理员"的"网络"页面

编辑网络

名称

pubnet

ID *

987b7aed-def9-4558-9791-cc425a486ad4

管理状态 *

UP

☑ 共享的

☑ 外部网络

说明：

在此可以更新网络的可编辑属性

取消　保存

图 11-23　设置 pubnet 网络

网络

项目 = ▾　　　　　　　　　　　　　　　筛选　＋创建网络　🗑删除网络

□	项目	网络名称	已连接的子网	DHCP Agents	共享的	外部	状态	管理状态	动作
□	JSJXY	jsjxynet2	● jsjxy-subnet2 10.0.2.0/24	1	False	False	运行中	UP	编辑网络 ▾
□	JSJXY	jsjxynet1	● jsjxy-subnet1 10.0.1.0/24	1	False	False	运行中	UP	编辑网络 ▾
□	JSJXY	pubnet	● pubnet-subnet1 192.168.100.0/24	1	True	True	运行中	UP	编辑网络 ▾

正在显示 3 项

图 11-24　配置完成的网络

11.3.2　创建路由器

内部网络与外部网络已经创建好了,就需要创建一台路由器 R1 把内部网络 jsjxynet1、jxjxynet2 与外部网络 pubnet 连接起来,下面讲解如何使用用户 tom 来创建路由器 R1。

(1)在"网络"的"路由"界面中,选择"新建路由",进入图 11-25 所示页面,路由器的名称为 R1,外部网络选择 pubnet。

(2)新建的路由如图 11-26 所示。

(3)单击"路由"里面的 R1 链接,进入路由 R1 的配置界面,如图 11-27 所示,选择"接口"界面,再单击"＋增加接口",主要作用是连接内部两个网络,如图 11-28 所示,在"子网"中选择 jsjxynet1,为路由器增加一个连接 jsjxynet1 接口。使用同样的方法,为路由器增加连接 jsjxynet2 接口,最后结果如图 11-29 所示,两个接口就添加完成了。

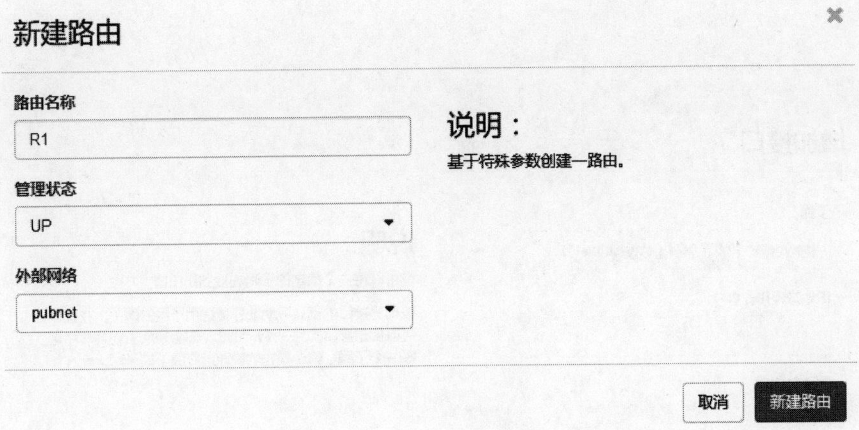

新建路由

路由名称

R1

管理状态

UP　▼

外部网络

pubnet　▼

说明：

基于特殊参数创建一路由。

取消　新建路由

图 11-25　新建路由

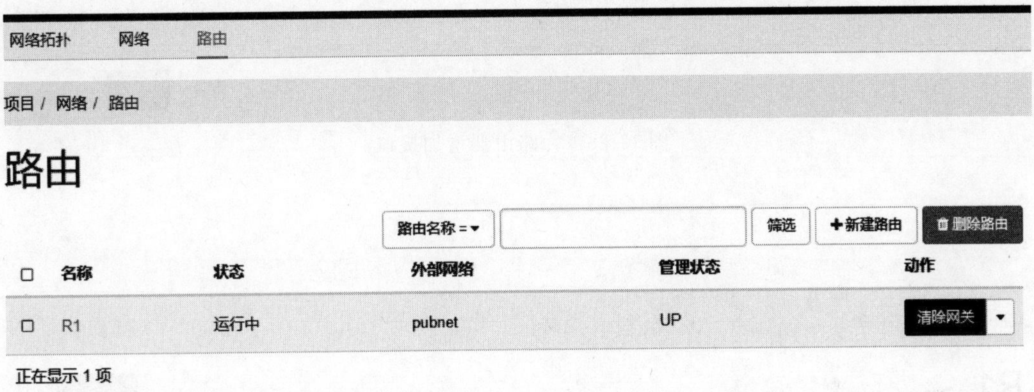

网络拓扑　　网络　　路由

项目 / 网络 / 路由

路由

路由名称 = ▼ [　　　　　　] 筛选　＋新建路由　🗑 删除路由

☐	名称	状态	外部网络	管理状态	动作
☐	R1	运行中	pubnet	UP	清除网关 ▼

正在显示 1 项

图 11-26　路由 R1

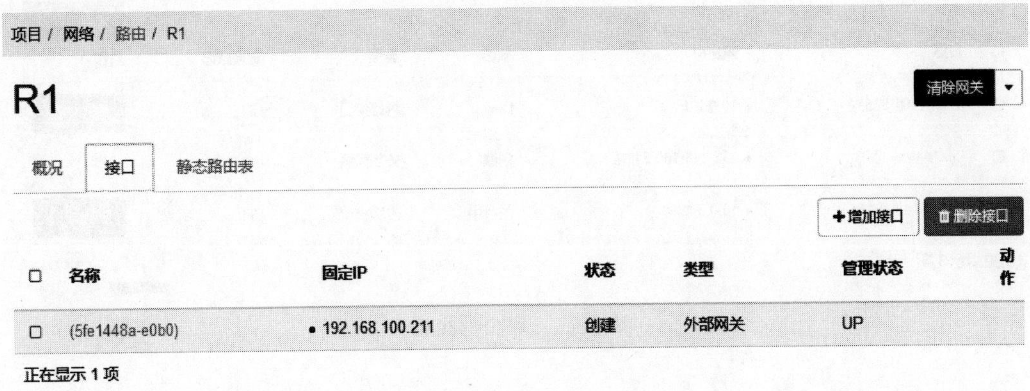

项目 / 网络 / 路由 / R1

R1

清除网关 ▼

概况　　接口　　静态路由表

＋增加接口　🗑 删除接口

☐	名称	固定IP	状态	类型	管理状态	动作
☐	(5fe1448a-e0b0)	● 192.168.100.211	创建	外部网关	UP	

正在显示 1 项

图 11-27　路由的"接口"界面

增加接口   ✕

子网 *

jsjxynet1: 10.0.1.0/24 (jsjxy-subnet1)   ▼

IP地址(可选) ❓

路由名称 *

R1

路由id *

f2bda322-35e8-47ac-9a74-36b0f84cbbbe

说明：

你可以将一个指定的子网连接到路由器

被创建接口的默认IP地址是被选用子网的网关。在此你
可以指定接口的另一个IP地址。你必须从上述列表中选
择一个子网，这个指定的IP地址应属于该子网。

取消   提交

图 11-28　为路由器增加接口

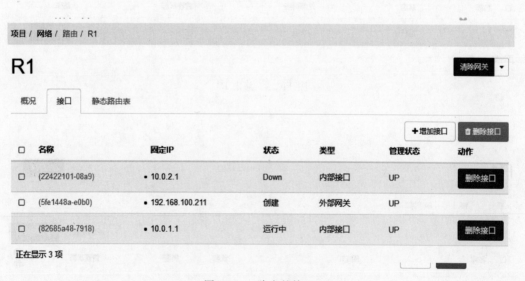

项目 / 网络 / 路由 / R1

R1   清除网关 ▼

概况   接口   静态路由表

＋增加接口   🗑 删除接口

☐	名称	固定IP	状态	类型	管理状态	动作
☐	(22422101-08a9)	● 10.0.2.1	Down	内部接口	UP	删除接口
☐	(5fe1448a-e0b0)	● 192.168.100.211	创建	外部网关	UP	
☐	(82685a48-7918)	● 10.0.1.1	运行中	内部接口	UP	删除接口

正在显示 3 项

图 11-29　路由的接口

（4）路由器连接了外部网络，又连接了内部网络，此时选择"网络"中的"网络拓扑"，查看一下网络拓扑图，如图 11-30 所示。

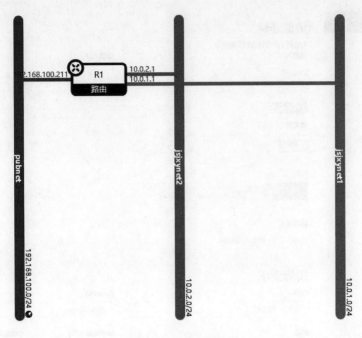

图 11-30 网络拓扑图

11.4 镜像的管理

镜像是一个已安装操作系统的硬盘文件，文件格式可以为 qcow2、vmdk 等，如何制作镜像参考本书的第 6 章。下面介绍如何通过管理员 admin 上传镜像。

（1）选择"管理员"系统面板中的"镜像"，如图 11-31 所示，可以看到，现在还没有可用的镜像，单击"＋创建镜像"按钮，创建镜像。

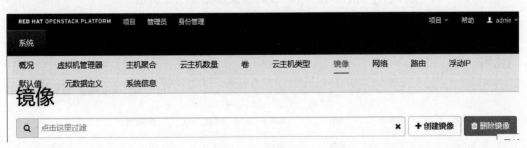

图 11-31 镜像面板

（2）创建镜像时，在"镜像名称"文本框中输入 small，在"文件"中单击"浏览"按钮，选择本机的 small.img 文件，"镜像格式"为"QCOW2-QEMU 模拟器"，选择"公有"，表明所有租户都可以使用,最后选择"创建镜像"。至此,镜像上传完毕,如图 11-32 所示。

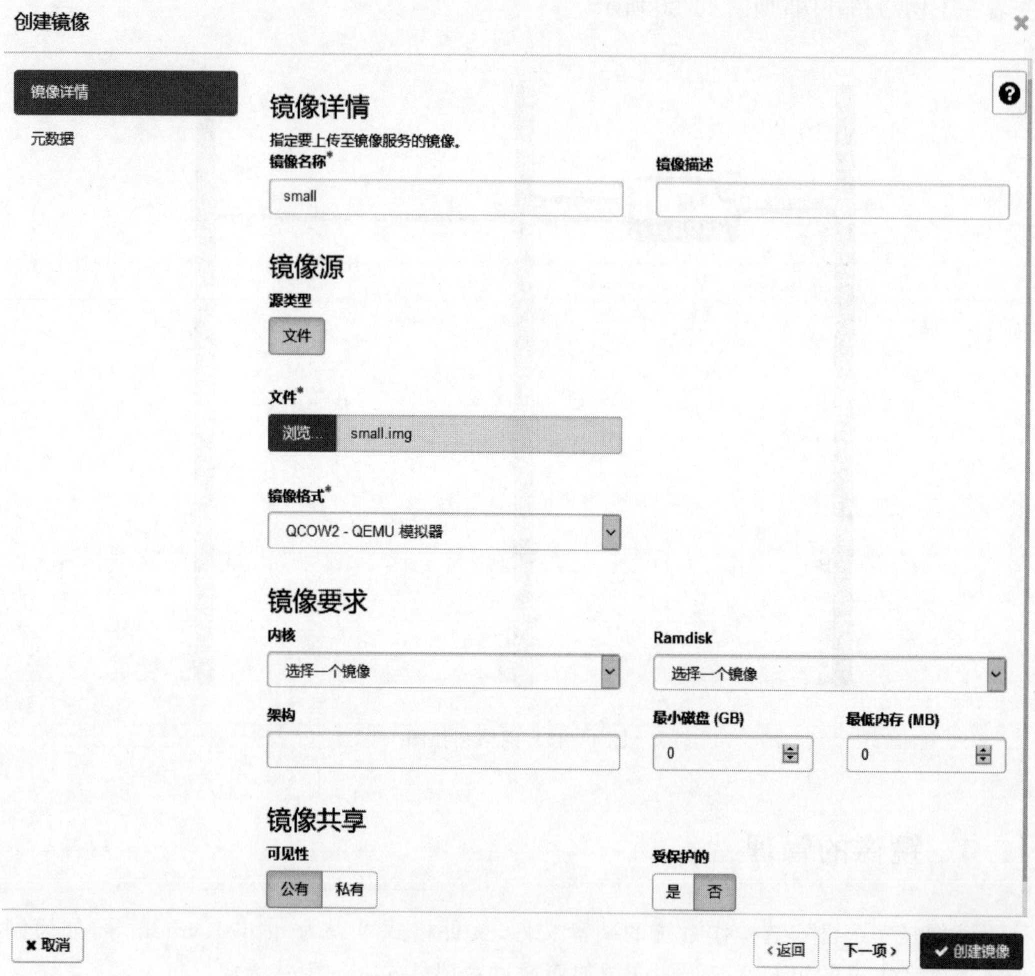

创建镜像

镜像详情	**镜像详情**
元数据	指定要上传至镜像服务的镜像。

镜像名称*

small

镜像描述

镜像源

源类型

文件

文件*

浏览... small.img

镜像格式*

QCOW2 - QEMU 模拟器

镜像要求

内核

选择一个镜像

Ramdisk

选择一个镜像

架构

最小磁盘 (GB)

0

最低内存 (MB)

0

镜像共享

可见性

公有 私有

受保护的

是 否

✕ 取消   ‹ 返回   下一项 ›   ✓ 创建镜像

图 11-32　创建镜像

（3）同样的方法,创建 cirros 镜像,最后的结果如图 11-33 所示。

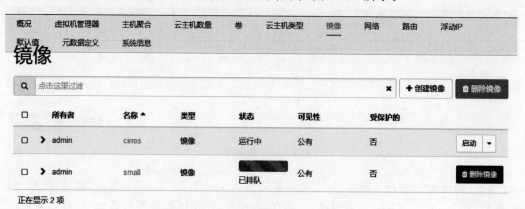

图 11-33　查看镜像

11.5 创建云主机

在 Horizon 中运行一个云主机，现在使用 tom 用户创建一个云主机，让此云主机连接到网络 jsjxynet1。

（1）如图 11-34 所示，选择"云主机数量"面板中的"创建云主机"，进入如图 11-35 所示的创建云主机界面，在"云主机名称"文本框中输入 vm01。

图 11-34　云主机面板

图 11-35　创建云主机

（2）在"选择源"下拉列表框中选择"镜像"，"名称"选择 small，如图 11-36 所示。

（3）"云主机类型"选择 m1.tiny，如图 11-37 所示。

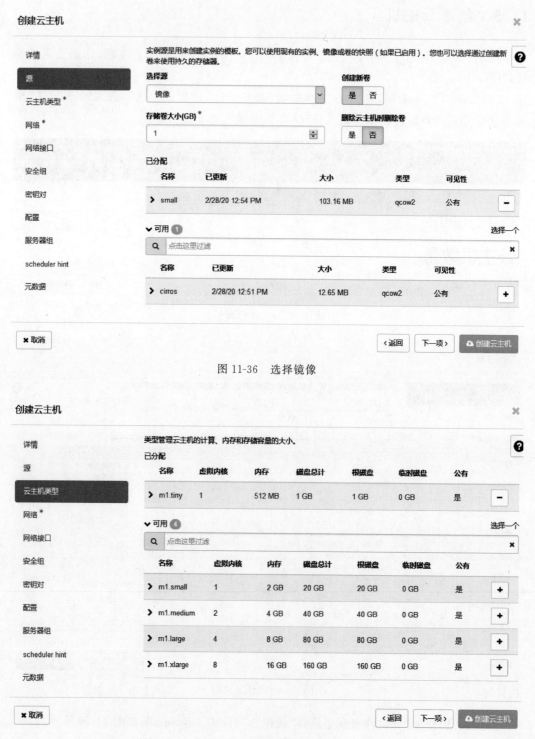

图 11-36　选择镜像

图 11-37　选择云主机类型

（4）选择"网络"选项中配置网络，如图 11-38 所示，将可用网络里的 jsjxynet1 拖到"已连接的子网"，单击"创建云主机"按钮，此时云主机 vm01 就创建好了，如图 11-39 所示。

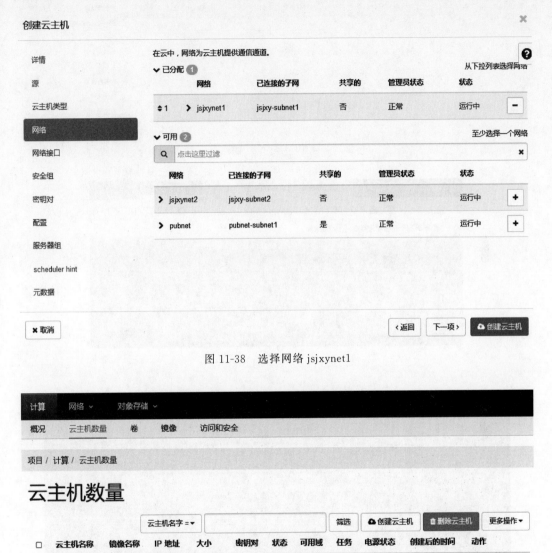

图 11-38　选择网络 jsjxynet1

图 11-39　新建的云主机 vm01

（5）如图 11-40 所示，选择云主机 vm01"动作"中的"控制台"，就可以通过基于 Web 的控制台来对云主机来进行管理，如图 11-41 所示，输入用户名 root 与密码 redhat 就可以登录到云主机系统，查看到已获取的 IP 地址 10.0.1.5/24 与网关 10.0.1.1，如图 11-42 所示。

	云主机名称	镜像名称	IP地址	配置	值对	状态	可用域	任务	电源状态	从创建以来	动作
	vm01	small	10.0.1.2	m1.tiny	-	运行中	nova	None	运行中	0分钟	创建快照 ▾

显示1个条目

绑定浮动IP
解除浮动IP的绑定
编辑云主机
编辑安全组
控制台
查看日志
中止实例
挂起实例
调整云主机大小

图 11-40 选择"控制台"

图 11-41 云主机控制台

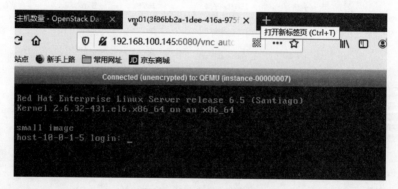

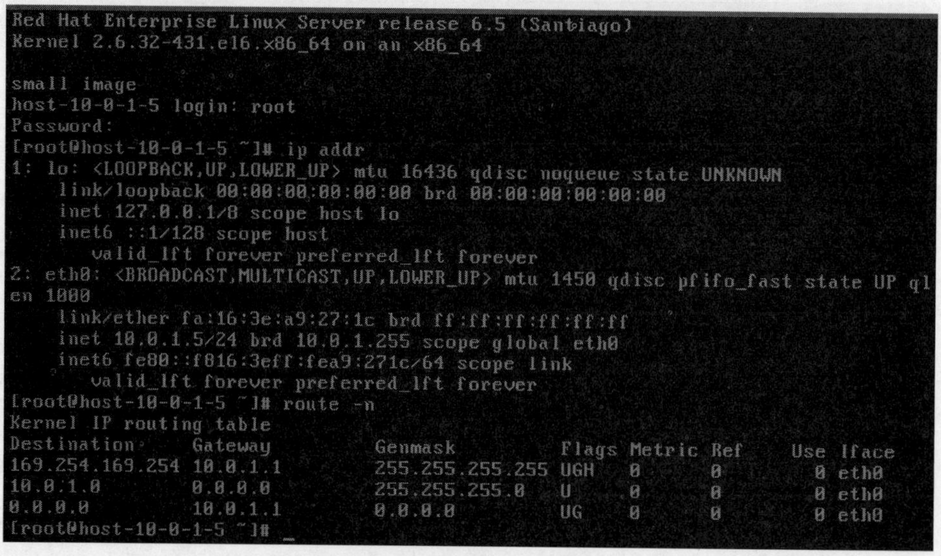

图 11-42 查看 vm01 的 IP 地址

11.6　绑定浮动 IP 地址

绑定浮动 IP 的功能是将云主机发布到公网,此时公网上的用户可以通过浮动 IP 地址访问到租户内部的云主机。

(1) 如图 11-43 所示,选择云主机 vm01 的"动作"中的"绑定浮动 IP",就会进入如图 11-44 所示的"管理浮动 IP 的关联"界面,单击"IP 地址"右边的"＋"按钮,添加要关联的浮动 IP 地址,如图 11-45 所示。

图 11-43　绑定浮动 IP1

管理浮动IP的关联

IP 地址 *
没有分配浮动IP

请为选中的云主机或端口选择要绑定的IP地址。

待连接的端口 *
vm01: 10.0.1.5

取消　关联

图 11-44　绑定浮动 IP2

(2) 如图 11-45 所示,把 pubnet 中的公网地址池中的某一个 IP 地址分配给云主机 vm01 使用,单击"分配 IP"按钮,将弹出如图 11-46 所示的界面,此时,浮动 IP 地址 192.168.100.210 关联到了云主机 vm01 的接口 10.0.1.5。这也意味着在公网上可以通过 192.168.100.210,访问云主机 vm01 了。单击图 11-46 中的"关联"按钮,可以看到图 11-47 中云主机 vm01 的网络详细绑定情况。

此时,查看网络拓扑结构,如图 11-48 所示,可以看出云主机 vm01 连接到了网络 jsjxynet1,同时 R1 也是这台云主机的网关。

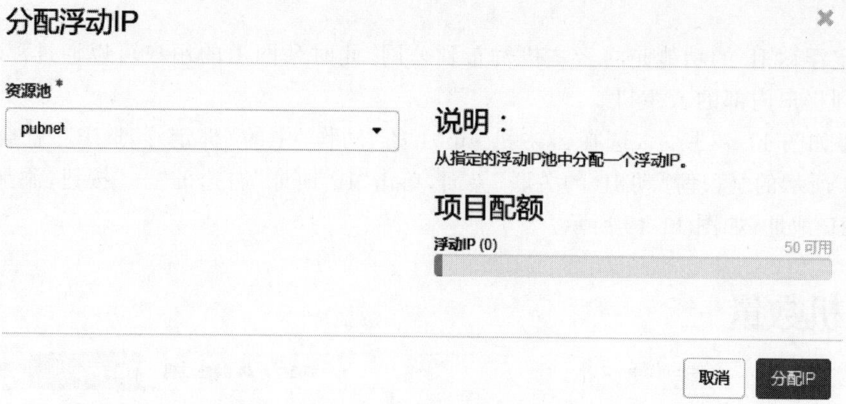

分配浮动IP

资源池 *

pubnet

说明：
从指定的浮动IP池中分配一个浮动IP。

项目配额

浮动IP (0)   50 可用

取消   分配IP

图 11-45　绑定浮动 IP3

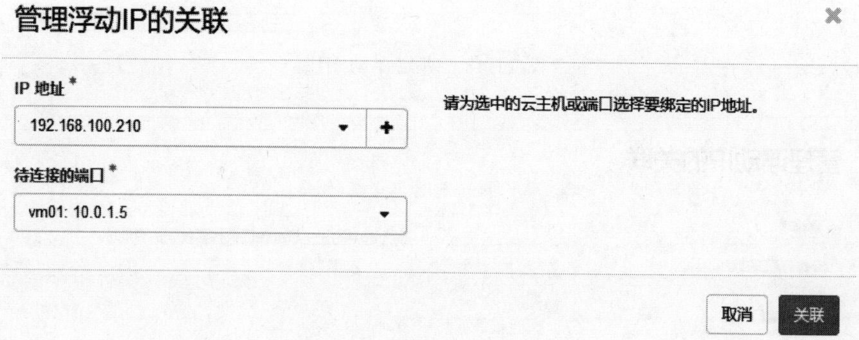

管理浮动IP的关联

IP 地址 *

192.168.100.210   +

待连接的端口 *

vm01: 10.0.1.5

请为选中的云主机或端口选择要绑定的IP地址。

取消   关联

图 11-46　绑定浮动 IP4

云主机数量

| 云主机名字 =▾ | | 筛选 | ☁ 创建云主机 | 🗑 删除云主机 | 更多操作▾ |

☐	云主机名称	镜像名称	IP 地址	大小	密钥对	状态	可用域	任务	电源状态	创建后的时间	动作
☐	vm01	-	• 10.0.1.5 浮动IP: • 192.168.100.210	m1.tiny	-	运行	nova	无	运行中	12 分钟	创建快照 ▾

图 11-47　绑定浮动 IP5

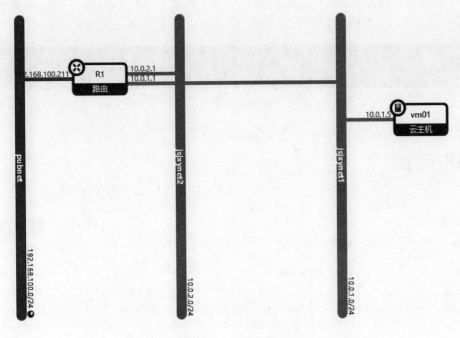

图 11-48　网络拓扑图

11.7　安全组管理

安全组类似于防火墙,在云平台中主要用来保护云主机,默认有一个安全组 default,刚创建的两台云主机就是默认应用此安全组。下面通过两个案例讲解安全组的设置,一个是修改默认的安全组 default,一个是添加一个新的安全组。

1. 修改安全策略使得可以 ping 到浮动 IP

(1)默认情况下的安全策略是 Windows 7ping 不通浮动 IP 地址,如图 11-49 所示,也就意味着在外网中访问不到云主机 vm01。

图 11-49　测试浮动 IP

（2）修改安全策略，选择"访问和安全"面板，如图 11-50 所示，选择安全组名称为 default 的动作为"管理规则"，如图 11-51 所示。

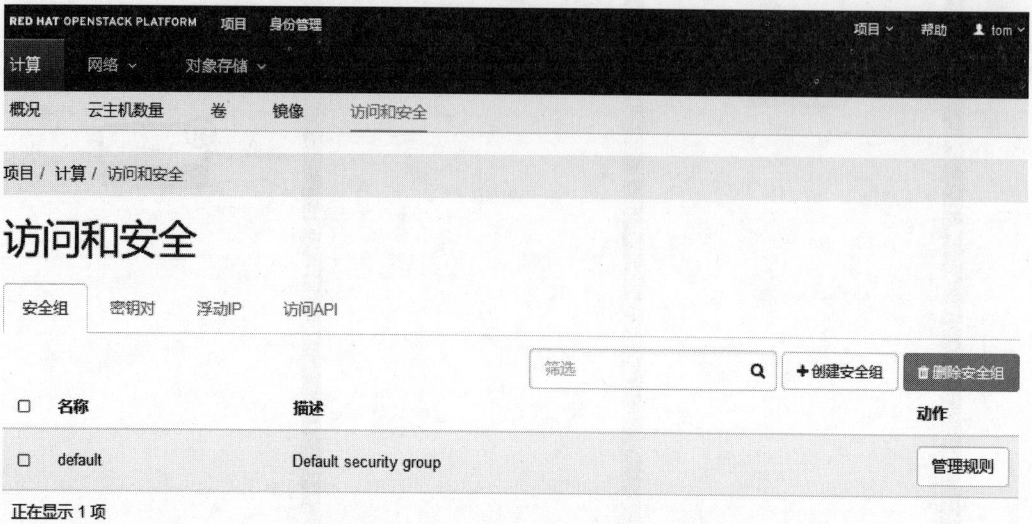

| RED HAT OPENSTACK PLATFORM | | 项目 | 身份管理 | | | 项目 ∨ | 帮助 | ▲ tom ∨ |

计算　网络 ∨　对象存储 ∨

概况　云主机数量　卷　镜像　访问和安全

项目 / 计算 / 访问和安全

访问和安全

安全组　密钥对　浮动IP　访问API

| | | | 筛选 🔍 | ＋创建安全组 | 🗑 删除安全组 |

☐	名称	描述	动作
☐	default	Default security group	管理规则

正在显示 1 项

图 11-50　"访问和安全"面板

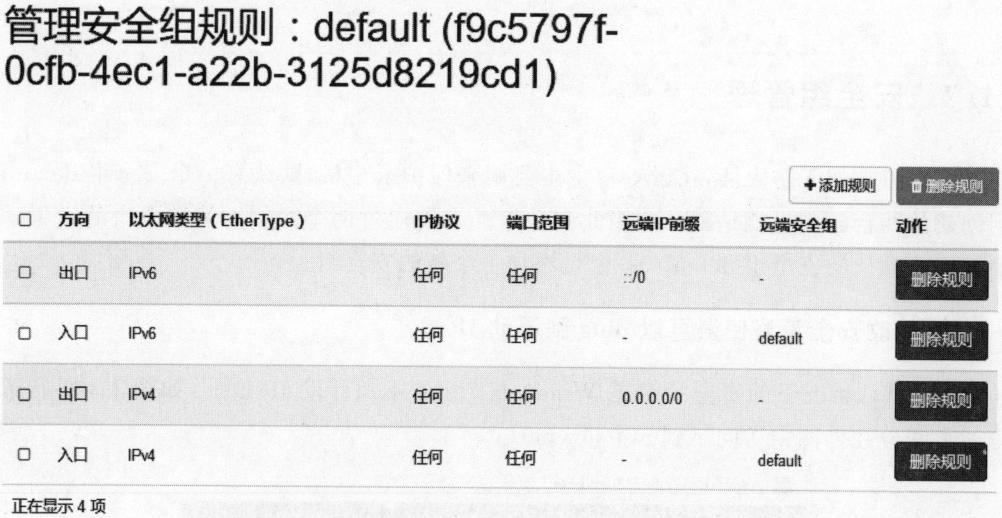

管理安全组规则：default (f9c5797f-0cfb-4ec1-a22b-3125d8219cd1)

| | | | | | | ＋添加规则 | 🗑 删除规则 |

☐	方向	以太网类型（EtherType）	IP协议	端口范围	远端IP前缀	远端安全组	动作
☐	出口	IPv6	任何	任何	::/0	-	删除规则
☐	入口	IPv6	任何	任何	-	default	删除规则
☐	出口	IPv4	任何	任何	0.0.0.0/0	-	删除规则
☐	入口	IPv4	任何	任何	-	default	删除规则

正在显示 4 项

图 11-51　管理安全组 default 规则

（3）选择如图 11-51 中的"＋添加规则"，在此案例中需要添加一条规则，允许从其他主机到云主机 vm01 的 ICMP 流量，如图 11-52 所示，最后查看已添加的规则，如图 11-53 所示。

（4）修改完成安全组 default 规则后，就可以在外网 ping 到 vm01，如图 11-54 所示，同时，云主机也可以访问 Windows 7 了，如图 11-55 所示。

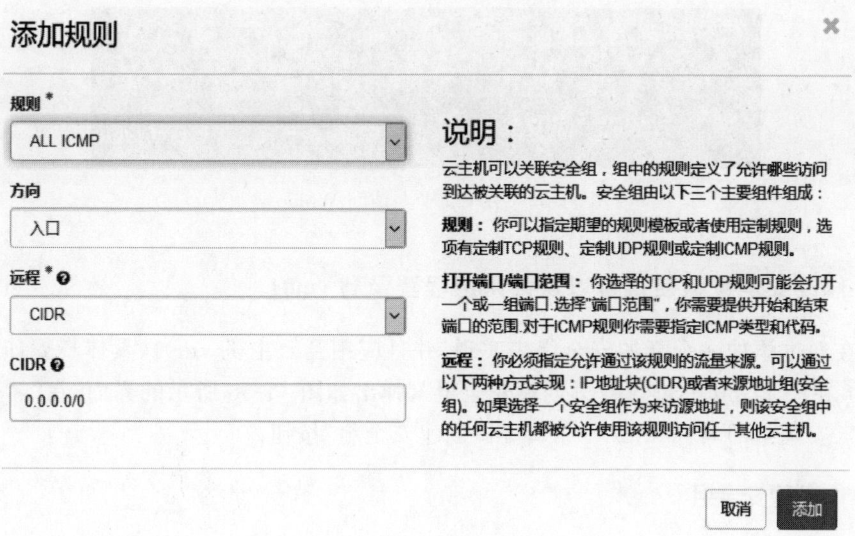
添加规则
规则 *
ALL ICMP
方向
入口
远程 *
CIDR
CIDR
0.0.0.0/0
说明：
云主机可以关联安全组，组中的规则定义了允许哪些访问到达被关联的云主机。安全组由以下三个主要组件组成：
规则：你可以指定期望的规则模板或者使用定制规则，选项有定制TCP规则、定制UDP规则或定制ICMP规则。
打开端口/端口范围：你选择的TCP和UDP规则可能会打开一个或一组端口.选择"端口范围"，你需要提供开始和结束端口的范围.对于ICMP规则你需要指定ICMP类型和代码.
远程：你必须指定允许通过该规则的流量来源。可以通过以下两种方式实现：IP地址块(CIDR)或者来源地址组(安全组)。如果选择一个安全组作为来访源地址，则该安全组中的任何云主机都被允许使用该规则访问任一其他云主机。
取消
添加

图 11-52　添加规则

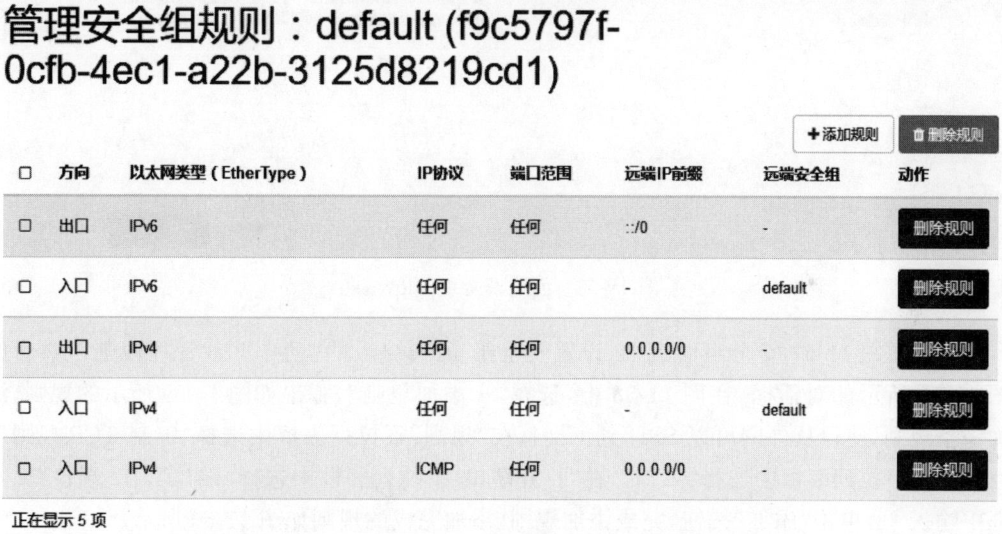
管理安全组规则：default (f9c5797f-0cfb-4ec1-a22b-3125d8219cd1)
+添加规则
删除规则
方向
以太网类型（EtherType）
IP协议
端口范围
远端IP前缀
远端安全组
动作
出口 IPv6 任何 任何 ::/0 - 删除规则
入口 IPv6 任何 任何 - default 删除规则
出口 IPv4 任何 任何 0.0.0.0/0 - 删除规则
入口 IPv4 任何 任何 - default 删除规则
入口 IPv4 ICMP 任何 0.0.0.0/0 - 删除规则
正在显示 5 项

图 11-53　添加 ICMP 规则

C:\Windows\system32>ping 192.168.100.210
正在 Ping 192.168.100.210 具有 32 字节的数据:
来自 192.168.100.210 的回复: 字节=32 时间=27ms TTL=63
来自 192.168.100.210 的回复: 字节=32 时间=2ms TTL=63
来自 192.168.100.210 的回复: 字节=32 时间=2ms TTL=63
来自 192.168.100.210 的回复: 字节=32 时间=2ms TTL=63
192.168.100.210 的 Ping 统计信息:
数据包: 已发送 = 4，已接收 = 4，丢失 = 0 (0% 丢失)，
往返行程的估计时间(以毫秒为单位):
最短 = 2ms，最长 = 27ms，平均 = 8ms

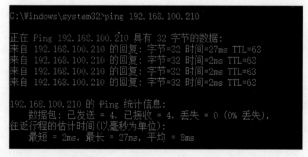

图 11-54　在外网中 ping 到 vm01

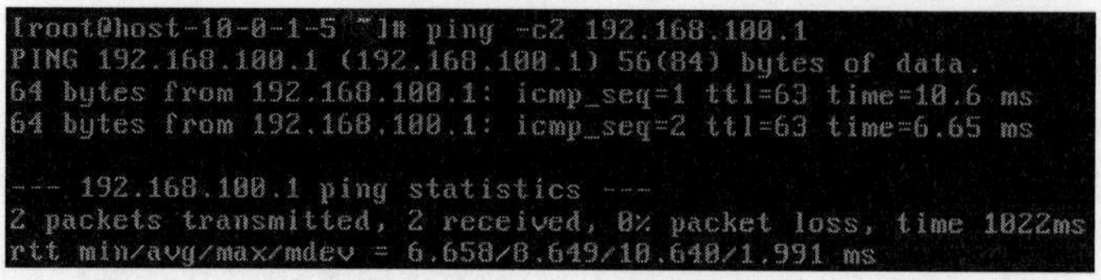

[root@host-10-0-1-5 ~]# ping -c2 192.168.100.1
PING 192.168.100.1 (192.168.100.1) 56(84) bytes of data.
64 bytes from 192.168.100.1: icmp_seq=1 ttl=63 time=10.6 ms
64 bytes from 192.168.100.1: icmp_seq=2 ttl=63 time=6.65 ms
--- 192.168.100.1 ping statistics ---
2 packets transmitted, 2 received, 0% packet loss, time 1022ms
rtt min/avg/max/mdev = 6.658/8.649/10.640/1.991 ms

图 11-55　在 vm01 上访问 Window 7

2. 修改安全策略使得可以从外网远程登录到 vm01

现在通过添加一个新的安全组来实现，并且应用到云主机 vm01，具体步骤如下：

(1) 在图 11-50 中，选择“＋创建安全组”，弹出如图 11-56 所示的界面，在“名称”文本框中输入安全组的名称 allow ssh，单击“创建安全组”按钮。

创建安全组
名称 *
allow ssh
描述
说明：
安全组是IP过滤规则的集合，可被应用到虚拟机的网络设置中。在安全组创建后，你可以给安全组增加规则。
取消
创建安全组

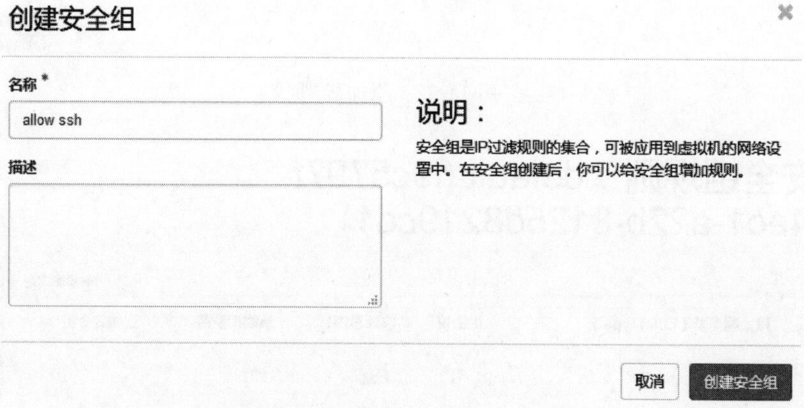

图 11-56　创建安全组 allow ssh

(2) 在图 11-57 安全组面板中，设置安全组 allow ssh 的“动作”为“管理规则”，弹出如图 11-58 所示的对话框，在图 11-58 中，选择“＋添加规则”，弹出如图 11-59 所示的规则，添加一条规则，使得从外网可以 SSH 到 vm01，在“规则”下拉列表框中选择“定制 TCP 规则”，在“方向”下拉列表框中选择“入口”，在“打开端口”下拉列表框中选择“端口”，在“端口”文本框中输入 22，单击“添加”按钮，完成添加规则，添加完成的规则如图 11-60 所示。

访问和安全
安全组
密钥对
浮动IP
访问API
筛选
+创建安全组
删除安全组
名称
描述
动作
allow ssh
管理规则
default
Default security group
管理规则
正在显示 2 项

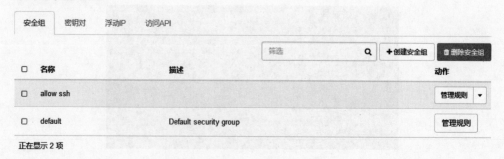

图 11-57　管理安全组

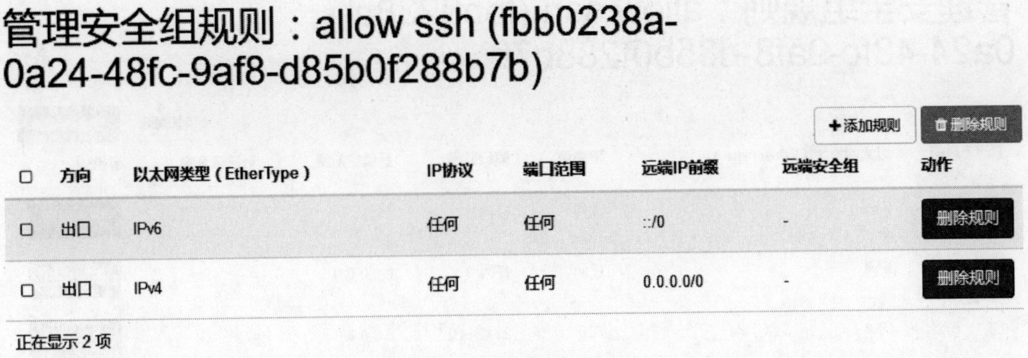

管理安全组规则：allow ssh (fbb0238a-0a24-48fc-9af8-d85b0f288b7b)

＋添加规则　　**🗑 删除规则**

☐	方向	以太网类型（EtherType）	IP协议	端口范围	远端IP前缀	远端安全组	动作
☐	出口	IPv6	任何	任何	::/0	-	删除规则
☐	出口	IPv4	任何	任何	0.0.0.0/0	-	删除规则

正在显示 2 项

图 11-58　管理安全组 allow ssh

添加规则　　　　　　　　　　　　　　✖

规则 *

定制TCP规则　　　　　　　　　　　▾

方向

入口　　　　　　　　　　　　　　▾

打开端口 *

端口　　　　　　　　　　　　　　▾

端口 ❓

22

远程 * ❓

CIDR　　　　　　　　　　　　　　▾

CIDR ❓

0.0.0.0/0

说明：

云主机可以关联安全组，组中的规则定义了允许哪些访问到达被关联的云主机。安全组由以下三个主要组件组成：

规则：你可以指定期里的规则模板或者使用定制规则，选项有定制TCP规则、定制UDP规则或定制ICMP规则。

打开端口/端口范围：你选择的TCP和UDP规则可能会打开一个或一组端口。选择"端口范围"，你需要提供开始和结束端口的范围。对于ICMP规则你需要指定ICMP类型和代码。

远程：你必须指定允许通过该规则的流量来源。可以通过以下两种方式实现：IP地址块(CIDR)或者来源地址(安全组)。如果选择一个安全组作为来访源地址，则该安全组中的任何云主机都被允许使用该规则访问任一其他云主机。

取消　　**添加**

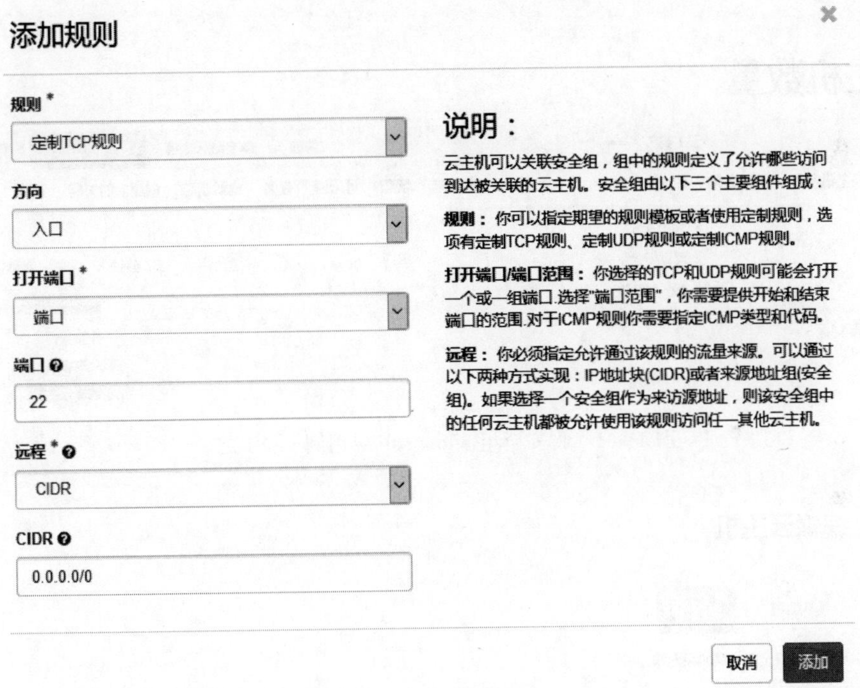

图 11-59　添加规则

（3）将安全组 allow ssh 应用到 vm01，在图 11-61 中，选择云主机 vm01 中的"动作"为"编辑云主机"，弹出"编辑云主机"对话框，如图 11-62 所示，在"安全组"面板中左边是可用的安全组，右边是当前云主机正在使用的安全组，可以通过"＋"与"－"增加与删除 vm01 的安全组，单击 allow ssh 右边的"＋"，左边是可用的，右边是正在使用的安全组，最后的结果如图 11-63 所示。

（4）进行测试，外网中的一台主机可以通过 SSH 远程登录到云主机 vm01 了，如图 11-64 所示。

管理安全组规则：allow ssh (fbb0238a-0a24-48fc-9af8-d85b0f288b7b)

	方向	以太网类型（EtherType）	IP协议	端口范围	远端IP前缀	远端安全组	动作
	出口	IPv6	任何	任何	::/0	-	删除规则
	出口	IPv4	任何	任何	0.0.0.0/0	-	删除规则
	入口	IPv4	TCP	22 (SSH)	0.0.0.0/0	-	删除规则

正在显示 3 项

图 11-60　查看安全组 allow ssh 的规则

云主机数量

	云主机名称	镜像名称	IP 地址	大小	密钥对	状态	可用域	任务	电源状态	创建后的时间	动作
	vm01	-	• 10.0.1.5 浮动IP: • 192.168.100.210	m1.tiny	-	运行	nova	无	运行中	37 分钟	创建快照 ▾

解除浮动IP的绑定
连接接口
分离接口
编辑云主机

正在显示 1 项

图 11-61　将安全组 allow ssh 应用到 vm01 之一

编辑云主机 ✕

基本信息 *　安全组

从可用的安全组中增加和删除

全部安全组	筛选 🔍		云主机安全组	筛选 🔍
allow ssh	+		default	-

取消　保存

图 11-62　将安全组 allow ssh 应用到 vm01 之二

编辑云主机

基本信息＊　　安全组

从可用的安全组中增加和删除

全部安全组	筛选 🔍	云主机安全组	筛选 🔍
无法找到安全组		default	-
		allow ssh	-

取消　保存

图 11-63　将安全组 allow ssh 应用到 vm01 之三

```
[root@node1 ~]# ssh root@192.168.100.210
The authenticity of host '192.168.100.210 (192.168.100.210)' can't be established.
RSA key fingerprint is f9:23:74:b9:10:46:a2:71:a9:40:b1:9b:0a:5a:99:5a.
Are you sure you want to continue connecting (yes/no)? yes
Warning: Permanently added '192.168.100.210' (RSA) to the list of known hosts.
root@192.168.100.210's password:
Last login: Fri Feb 28 01:42:18 2020
[root@host-10-0-1-5 ~]#
[root@host-10-0-1-5 ~]#
```

图 11-64　从外网远程登录到云主机 vm01

11.8　密钥管理

在"访问和安全"面板中,还提供了"密钥对",也就意味着可以通过密钥的方式去管理云主机,下面通过上传一个新云主机来讲解通过密钥的方式去远程管理云主机。

(1)选择"访问和安全"面板中的"密钥对",如图 11-65 所示,选择"＋创建密钥对",弹出如图 11-66 所示的界面。

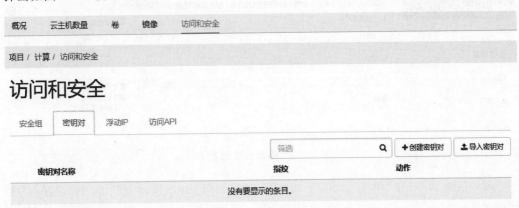

图 11-65　密钥对面板

（2）如图 11-66 所示，在"密钥对名称"文本框中输入 tomkey，单击"创建密钥对"按钮，完成密钥对的创建。

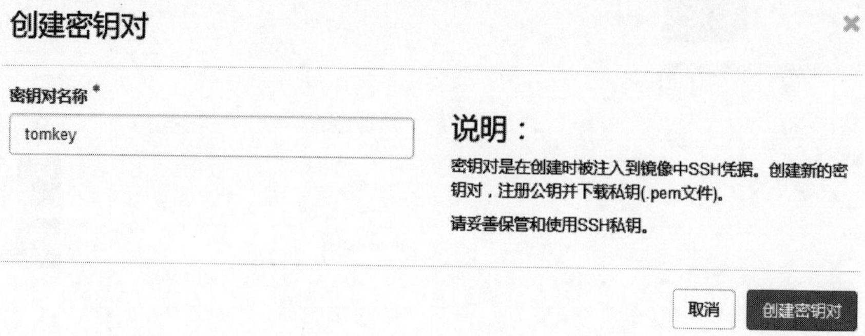

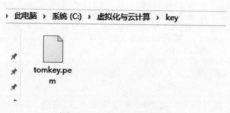

图 11-66　创建密钥对

（3）创建完成密钥对之后，将提供下载，保存在 Windows 7 的主机里，如图 11-67 所示。

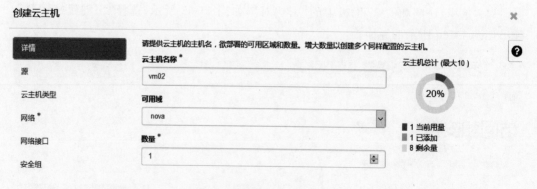

图 11-67　下载密钥对

11.8.1　使用密钥管理云主机

（1）使用 cirros 的镜像创建一个 vm02 的云主机，如图 11-68 所示，在"详情"的"云主机名称"文本框中输入 vm02。

图 11-68　输入云主机名字

（2）在图 11-68 中，单击"详情"下的"源"选项，如图 11-69 所示，在"源"的"选择源"中选择 cirros。

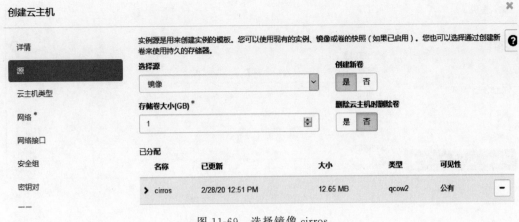

图 11-69　选择镜像 cirros

（3）在如图 11-70 所示的对话框中，"云主机类型"选择 m1.tiny。

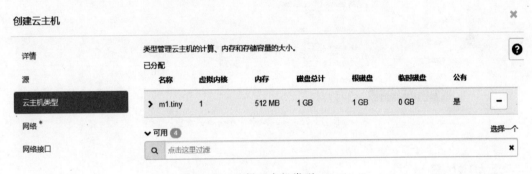

图 11-70　选择云主机类型 m1.tiny

（4）如图 11-71 所示的对话框中，"网络"选择 jsjxynet2。

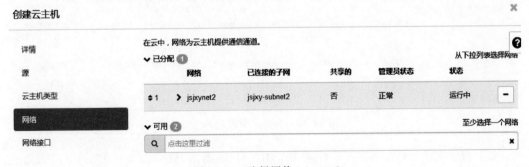

图 11-71　选择网络 jsjxynet2

（5）在如图 11-72 所示的对话框中，"安全组"再添加上 allow ssh，因为要远程管理云主机，因此必须要在安全组上开放 ssh 服务。

（6）在如图 11-73 所示的对话框中，"密钥对"选择 tomkey。如图 11-74 所示，单击"创建云主机"按钮，此时，云主机 vm02 就创建好了。

图 11-72　选择安全组 allow ssh

图 11-73　选择密钥 tomkey

云主机数量

	云主机名称	镜像名称	IP 地址	大小	密钥对	状态	可用域	任务	电源状态	创建后的时间	动作
□	vm02	-	• 10.0.2.11	m1.tiny	tomkey	运行	nova	无	运行中	1分钟	创建快照 ▼
□	vm01	-	• 10.0.1.5 浮动IP: • 192.168.100.210	m1.tiny	-	运行	nova	无	运行中	50分钟	创建快照 ▼

正在显示 2 项

图 11-74　查看云主机 vm02

　　(7)将云主机 vm02 绑定一个浮动 IP,如图 11-75 所示,就可以通过 192.168.100.208 访问到云主机 vm02 了。

　　(8)通过基于 SSH 密钥的方式在外网中访问 vm02,如图 11-76 所示,在 XShell 中新建会话,在"名称"文本框中输入 vm02,在"主机"文本框中输入 192.168.100.208。

　　(9)如图 11-77 所示,选择左边的"用户身份验证"后,在右边的"方法"下拉列表框中选择 Public Key,在"用户名"文本框中输入 cirros,在"用户密钥"下拉列表框中选择 tomkey,单击"确定"按钮。

云主机数量

	云主机名称	镜像名称	IP 地址	大小	密钥对	状态	可用域	任务	电源状态	创建后的时间	动作
☐	vm02	-	• 10.0.2.11 浮动IP: • 192.168.100.208	m1.tiny	tomkey	运行	nova	无	运行中	12 分钟	创建快照 ▾
☐	vm01	-	• 10.0.1.5 浮动IP: • 192.168.100.210	m1.tiny	-	运行	nova	无	运行中	1 小时 , 3 分钟	创建快照 ▾

正在显示 2 项

图 11-75　绑定到浮动 IP 之后查看云主机 vm02

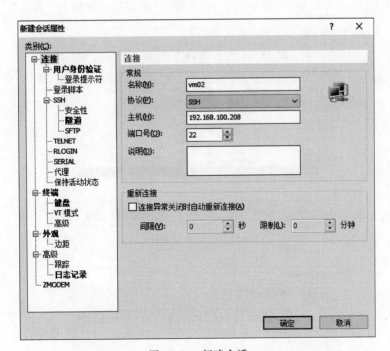

图 11-76　新建会话

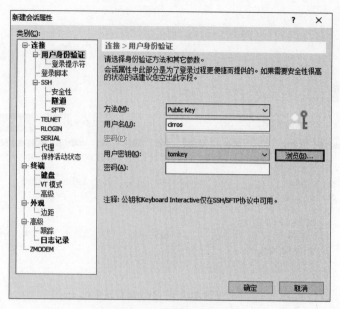

图 11-77　使用密钥认证

（10）在如图 11-78 所示的对话框中，新建 vm02 会话，选择此会话，单击"连接"按钮，弹出如图 11-79 所示对话框，在此单击"一次性接受"按钮接受密钥。

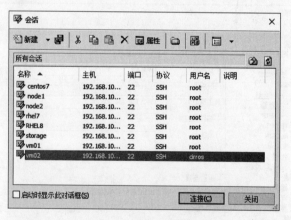

图 11-78　选择会话

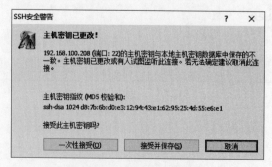

图 11-79　接受并保存密钥

（11）如图 11-80 所示，已经从 Windows 7 上远程连接到了云主机 vm02，可以通过 sudo -i 切换到 root 命令。

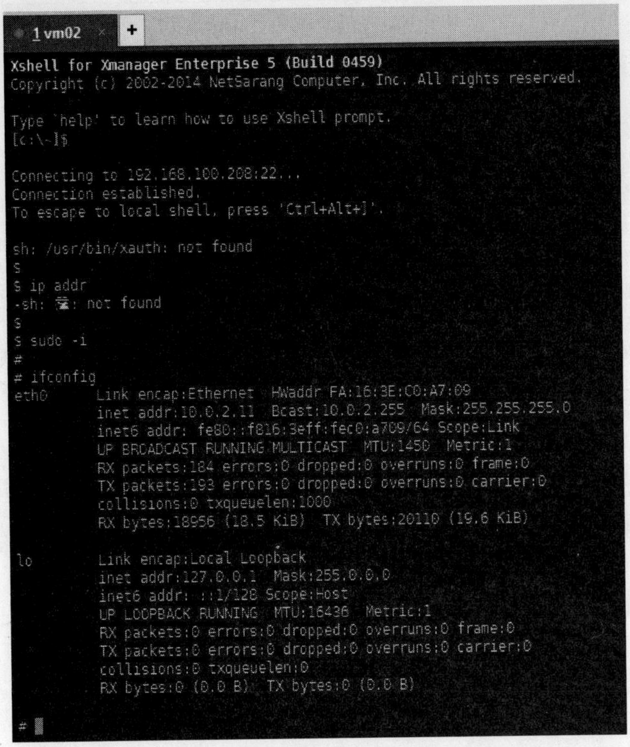

图 11-80　从外网远程连接到了云主机 vm02

11.9　本章实验

11.9.1　实验目的

➢ 掌握云平台上的网络配置。
➢ 掌握云主机的创建与管理。

11.9.2　实验环境

在 RHEL7 中，已安装 Red Hat OpenStack Platform 10。

11.9.3　实验拓扑

实验拓扑图如图 11-81 所示。

11.9.4　实验内容

如图 11-81 所示，在 Red Hat OpenStack Platform 10 上创建租户，并创建云主机。具体要求如下：

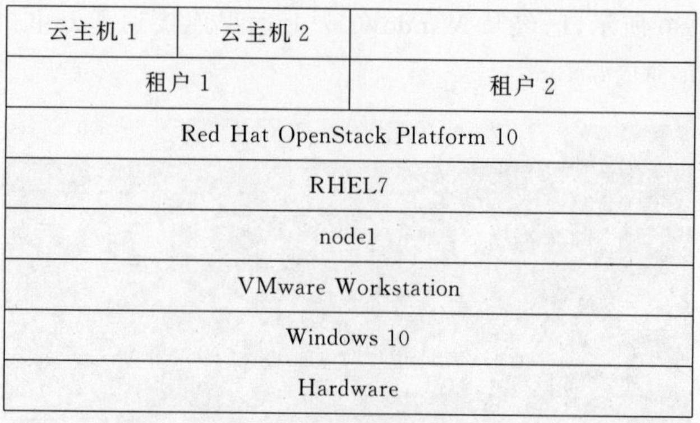

云主机 1	云主机 2	
租户 1		租户 2
Red Hat OpenStack Platform 10		
RHEL7		
node1		
VMware Workstation		
Windows 10		
Hardware		

图 11-81　实验拓扑图

(1) 配置网络,要求配置外网与内网,通过路由器 R1 连接外网与内网。内网必须创建两个,云主机 1 连接内网 1,云主机 2 连接内网 2。

(2) 上传两个镜像至云平台,一个是 cirros,一个是 small。

(3) 创建云主机 1 与云主机 2。要求在外网能远程到两台云主机,并且使用基于密钥的方式可以远程到使用镜像 cirros 的那台云主机。

试一试:

在讲解 KVM 的时候,制作的镜像,是否可以在 Red Hat OpenStack Platform 10 上使用。

图书资源支持

感谢您一直以来对清华版图书的支持和爱护。为了配合本书的使用，本书提供配套的资源，有需求的读者请扫描下方的"书圈"微信公众号二维码，在图书专区下载，也可以拨打电话或发送电子邮件咨询。

如果您在使用本书的过程中遇到了什么问题，或者有相关图书出版计划，也请您发邮件告诉我们，以便我们更好地为您服务。

我们的联系方式：

地   址：北京市海淀区双清路学研大厦 A 座 701

邮   编：100084

电   话：010-83470236   010-83470237

资源下载：http://www.tup.com.cn

客服邮箱：2301891038@qq.com

QQ：2301891038（请写明您的单位和姓名）

资源下载、样书申请

书圈

扫一扫，获取最新目录

课 程 直 播

用微信扫一扫右边的二维码，即可关注清华大学出版社公众号"书圈"。